高等院校信息技术规划教材

AutoCAD机械图样
典型范例与实训教程
（第3版）

AutoCAD Typical Mechanical Drawings and Training Tutorial

张学昌　裴磊　主编

陆俊杰　张炜　施岳定　副主编

清华大学出版社

北京

内 容 简 介

AutoCAD 2018 是一款功能强大、性能稳定的计算机辅助绘图及设计软件,在机械、电气、工业设计和模具制造等领域应用广泛。

本书以 AutoCAD 2018 简体中文版为基础,以培养制图思维为中心,引导读者建立正确的作图方法和良好的绘图习惯,精选百余道经典实例,旨在提高读者的绘图能力。第 3～8 章包含实训部分,即平面圆弧连接、组合形体绘制、标准件绘制、零件图绘制、装配图绘制和轴测图绘制,实训内容循序渐进,通过系列强化,可全面提升读者的 CAD 技能。

本书结构清晰、重点突出、实例典型、应用性强,是从事机械设计制造等工作的专业技术人员的理想实践教材,也可供 CAD 培训班及大中专院校作为专业实训教材使用,适用学时为 60～80 学时。

图书在版编目(CIP)数据

AutoCAD 机械图样典型范例与实训教程/张学昌,裴磊主编.—3 版.—北京:清华大学出版社,
2019(2024.12重印)
(高等院校信息技术规划教材)
ISBN 978-7-302-53281-1

Ⅰ. ①A⋯ Ⅱ. ①张⋯ ②裴⋯ Ⅲ. ①机械制图－AutoCAD 软件－高等学校－教材 Ⅳ. ①TH126

中国版本图书馆 CIP 数据核字(2019)第 138218 号

责任编辑:袁勤勇 杨 枫
封面设计:常雪影
责任校对:焦丽丽
责任印制:沈 露

出版发行:清华大学出版社
    网   址:https://www.tup.com.cn, https://www.wqxuetang.com
    地   址:北京清华大学学研大厦 A 座   邮   编:100084
    社 总 机:010-83470000   邮   购:010-62786544
    投稿与读者服务:010-62776969,c-service@tup.tsinghua.edu.cn
    质量反馈:010-62772015,zhiliang@tup.tsinghua.edu.cn
    课件下载:https://www.tup.com.cn,010-83470236
印 装 者:三河市春园印刷有限公司
经   销:全国新华书店
开   本:185mm×260mm   印   张:11   字   数:253 千字
版   次:2014 年 9 月第 1 版   2019 年 11 月第 3 版   印   次:2024 年 12 月第 2 次印刷
定   价:39.00 元

产品编号:083125-01

前言 *foreword*

计算机辅助设计技术推动了产品设计和工程设计的发展,得到工业界的高度重视并被广泛使用。计算机绘图与三维建模作为一种新的工作技能,能够满足巨大的社会需求,已成为工科大学生必备的基本素质之一。

AutoCAD 2018 作为一款功能强大、性能稳定、兼容性好、扩展性强的主流 CAD 软件,具有卓越的二维绘图、三维建模和二次开发等功能,在机械、电气、工业设计和模具制造等领域应用广泛。工科大学生在掌握工程制图基本知识之后,熟练运用 AutoCAD 软件是其从事机械设计制造必备的能力之一。在本套教材的编写过程中,吸收国内、国外优秀教材的优点,遵循"传授基础知识,注重技能提高,培养创新意识,增强工程素养"的基本指导思想,力图为大学生、工程技术人员提供一套实用、有效、快捷的 AutoCAD 2018 实训教材。

本书具有如下特点:

(1) 以制图思维为中心,引导读者建立正确的作图方法和良好的绘图习惯,与传统介绍软件应用的教材相比,本套教材更强调工程图样的表达与 CAD 技能的提高。

(2) 精选实例,加强学生 CAD 能力的培养。本套教材共收录百余道经典例题,每个实训单元后面均有强化实训练习题,通过例题强化学生的绘图能力。

(3) 根据知识相关原则,将 AutoCAD 相关知识单独成章,同时,在每一章开始先介绍本章所要用到的关键命令及相关知识,使本章技能的培训形成完整的模块,便于读者进行自学。

(4) 注重理论联系实践,加强培养读者的绘图能力、读图能力和计算机二维绘图能力。

第 3 版修订内容如下:

AutoCAD 软件版本为 2018,在介绍软件界面、功能、操作之后,增加了定制工作空间的内容,以适应熟悉老版本的读者之需。

　　强化实训部分增加了典型实例，通过补充一定数量的机械典型范例，为读者提供了更多的素材进行强化训练。

　　第 3～8 章包含实训部分，即平面圆弧连接、组合形体绘制、标准件绘制、零件图绘制、装配图绘制和轴测图绘制。实训内容循序渐进，通过系列强化，可全面提升学生的 CAD 技能。

　　本书由浙江大学宁波理工学院张学昌、裴磊任主编，陆俊杰、张炜、施岳定任副主编。在教材编写过程中，韩华钱、潘一凯、林旭东承担了大部分图样内容的整理及校对工作，对他们的辛勤工作表示衷心的感谢。在此，谨向支持、帮助、关心本教材的同事和朋友表示衷心的感谢。

　　由于编者阅历、水平及经验有限，书中难免存在一些疏漏之处，敬请广大同仁和读者不吝指正。

编　者

2019 年 1 月

目录

contents

第1章

认识 AutoCAD 2018

本章目标

- AutoCAD 2018 的基本概念和基本操作。
- AutoCAD 2018 绘图环境的设置。
- AutoCAD 2018 的几种命令执行方式。

AutoCAD 2018 是一款出色的计算机辅助设计软件,它在机械、电气、模具、建筑及化工等领域得到了广泛应用。在学习使用 AutoCAD 2018 绘制图形之前,需要对 AutoCAD 2018 有一个初步的认识,如熟悉 AutoCAD 2018 的用户界面,了解如何配置绘图环境,掌握基本的文件操作方法,熟悉图形单位设置和坐标系的基本使用方法等,学会 AutoCAD 2018 的命令执行方式,掌握如何设置和启用对象捕捉功能、编辑对象特征等。这些都是本章要重点介绍的 AutoCAD 2018 入门知识。

1.1 初识 AutoCAD 2018

AutoCAD(Auto Computer Aided Design,计算机辅助设计)能帮助用户通过使用计算机来完成设计和绘制图纸。在 AutoCAD 中,用户不仅可以简单粗略地绘制草图,也可以通过创建一个 2D 或 3D 的计算机模型进一步分析产品的结构。

1.2 启动与退出 AutoCAD 2018

在 AutoCAD 2018 软件安装完毕之后,程序会自动在 Windows 桌面上建立 AutoCAD 2018 的快捷方式图标,在"开始"菜单的"程序"组合里会显示 AutoCAD 2018 程序项。

在"开始"菜单中选择"程序"→Autodesk→AutoCAD 2018-Simplified Chinese→AutoCAD 2018 选项,或者双击桌面上 AutoCAD 2018 的快捷方式图标即可快速启动。

1.3 AutoCAD 2018 的操作界面

AutoCAD 2018 的操作界面是 AutoCAD 2018 显示、编辑图形的区域,一个完整的 AutoCAD 2018 中文版操作界面包括标题栏、菜单栏、工具栏、快速访问工具栏、交互信息工具栏、功能区、绘图区、十字光标、坐标系图标、命令行窗口、状态栏、布局标签、滚动条和状态托盘等，如图1-1所示。

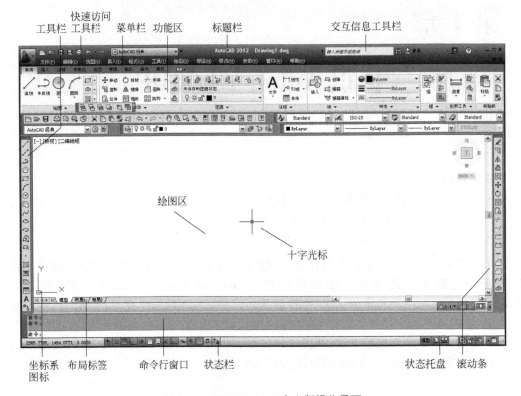

图1-1　AutoCAD 2018 中文版操作界面

　　注意：需要将 AutoCAD 2018 的工作空间切换到 AutoCAD 经典模式下（单击界面右下角的"切换工作空间"按钮，在弹出的菜单中选择"AutoCAD 经典"选项即可，AutoCAD 经典模式设置方法详见1.9节）。

1.3.1　标题栏

　　在 AutoCAD 2018 中文版操作界面的最上端是标题栏，其中显示了系统当前正在运行的应用程序（AutoCAD 2018）和用户正在使用的图形文件。在用户第一次启动AutoCAD 2018 时，标题栏中将显示系统在启动时创建并打开的图形文件的名称Drawing1.dwg。

1.3.2　菜单浏览器

　　"菜单浏览器"按钮▲位于窗口的左上角，单击该按钮，可以展开 AutoCAD 2018 用于管理图形文件的命令，可以新建、打开、保存、打印、输出及浏览用过的文件等。

1.3.3　工具栏

　　工具栏提供了 AutoCAD 常用的命令。打开或关闭工具栏的方法是将光标移动到绘图屏幕的上方,单击某一下拉菜单项会出现下拉菜单。每条菜单项对应一条命令。

1.3.4　绘图区域

绘图窗口的背景色可以是白色或黑色,设置方法是选择"工具"→"选项"→"显示"→"颜色"→"二维模型空间"→"统一背景"→"颜色:白(或黑)"命令。

1.3.5　命令行窗口

命令行窗口是显示通过键盘输入命令、数据等信息的区域,默认的命令行窗口位于绘图区左下方。

1.3.6　状态栏

状态栏位于操作界面的底部,左侧显示的是绘图区中光标定位点的 X、Y、Z 坐标值,右侧显示的依次是"推断约束""捕捉模式""栅格显示""正交模式""极轴追踪""对象捕捉""三维对象捕捉""对象捕捉追踪""允许/禁止动态 UCS""动态输入""显示/隐藏线宽""显示/隐藏透明度""快捷特性"和"选择循环"14 个功能开关按钮。单击这些按钮,可以启动相应功能的开关。

1.3.7　功能区

在菜单栏下方是功能区,其中包括"常用""插入""注释""参数化""视图""管理""输出""插件"和"联机"9 个选项卡,每个选项卡都集成了与该功能相关的操作工具,以方便用户的使用。用户可以单击选项卡后面的按钮控制功能区的展开和收缩。

1.4　配置绘图环境

在运用 AutoCAD 2018 进行图纸绘制之前,需要设置绘制环境。其中,最基本的两项就是设置绘图单位和绘图边界。设置绘图单位可以在绘图的时候确定测量单位;设置绘图边界可以确定在哪个区域进行图纸绘制。

1.4.1　设置绘图单位

选择"格式"→"单位"命令,或在命令行中输入 UNITS,都会弹出如图 1-2 所示的"图形单位"对话框。"长度"选项组设置测量的当前类型及当前类型的精度;"角度"选项组设置当前角度格式和当前角度显示的精度。"插入时的

图 1-2　"图形单位"对话框

缩放单位"控制插入到当前图形的块和图形的测量单位。

1.4.2 限制绘制图形的边界

图形界限是用户设定的一个绘图区域，通常情况下由左下角点和右上角点确定，两点圈定的矩形区域就是图形界限。

（1）设置绘图界限——LIMITS。该命令用来设定绘图空间的大小，以便安排图形的位置。选择"格式"→"图形界限"命令，或在命令行中输入 LIMITS 命令。执行该命令，命令行提示信息如下所示。

```
命令: LIMITS
重新设置模型空间界限:
指定左下角点或 [开(ON)/关(OFF)] <0.0000,0.0000>:
指定右上角点 <420.0000,297.0000>:
```

（2）显示控制命令——Zoom。该命令是显示控制命令，可以放大或缩小图形的屏幕显示尺寸。

1.5 AutoCAD 2018 文件管理操作

1.5.1 新建图形文件

用户第一次打开 AutoCAD 2018 软件，系统就会自动创建一个新文件，名称默认为 Drawing1.dwg。在 AutoCAD 2018 打开状态下创建新文件，可以选择"文件"→"新建"命令，或者单击快速访问工具栏中的"新建"按钮，或在命令行中输入 NEW 命令，均可弹出如图 1-3 所示的"选择样板"对话框。

图 1-3 "选择样板"对话框

1.5.2 打开已有图形文件

已保存的图形文件需要再次打开时，可选择"文件"→"打开"命令，或者单击快速访问工具栏中的"打开"按钮 📂，或者在命令行中输入 OPEN，均可弹出如图 1-4 所示的"选择文件"对话框，便可以打开已保存的图形文件。系统提供了"打开""以只读方式打开""局部打开"和"以只读方式局部打开"4 种打开方式。

图 1-4 "选择文件"对话框

1.5.3 保存图形文件

创建新图形或修改图形后都需要保存。选择"文件"→"保存"命令，或单击快速访问工具栏中的"保存"按钮 💾，或在命令行中输入 SAVE 都会弹出如图 1-5 所示的"图形另存为"对话框。该对话框适用于保存已经创建但尚未命名的图形文件。

图 1-5 "图形另存为"对话框

注意:默认情况下,文件以"AutoCAD 2018 图形(* . dwg)"格式保存,用户也可在"文件类型"下拉列表框中选择其他格式进行保存。

1.5.4 关闭图形文件

单击"菜单浏览器"按钮,在弹出的下拉菜单中选择"关闭"→"当前图形"命令,执行操作后,如果当前图形文件没有被保存,将弹出信息提示框,提示用户是否保存图形文件,单击"是"按钮,将保存图形文件;单击"否"按钮,将不保存图形文件,退出 AutoCAD 2018 系统;单击"取消"按钮则不退出 AutoCAD 2018 系统。

1.6 坐标系的使用基础

1.6.1 坐标系的概念

对于每个点来说,其位置是由坐标所决定的。在平面制图中,用户主要使用到笛卡儿坐标系和极坐标系,两者又都可分为绝对坐标系和相对坐标系。

1.6.2 绝对坐标

绝对坐标表示以当前坐标系的原点为基点。绝对笛卡儿坐标系,表示输入的坐标值,是相对于原点$(0,0,0)$而确定的,表示方法为(x,y,z)。绝对极坐标系表示方法为$(\rho<\theta)$,其中 ρ 表示点到原点的距离,θ 表示点与原点的连线与 X 轴正方向的角度。

1.6.3 相对坐标

相对坐标是以前一个输入点为输入坐标点的参考点,取它的位移增量。相对笛卡儿坐标形式为 $\Delta x,\Delta y,\Delta z$,输入方法为($@\Delta x,\Delta y,\Delta z$)。"@"表示输入的为相对坐标值,相对极坐标系表示方法为($@\Delta\rho<\theta$),其中 $\Delta x,\Delta y,\Delta z$ 分别表示坐标点相对于前一个点分别在 X、Y、Z 方向上的增量,$\Delta\rho$ 表示坐标点相对于前一个输入点的距离,θ 表示坐标点与前一个输入点的连线与 X 轴正方向的角度。

1.7 AutoCAD 2018 的几种命令执行方式

图 1-6 "修改"菜单

1.7.1 菜单方式

以"删除"命令为例,选择菜单栏中"修改"→"删除"命令,如图 1-6 所示。

1.7.2 工具条方式

在选定删除对象后,单击"修改"工具条中的"删除"按钮 ,

如图 1-7 所示。

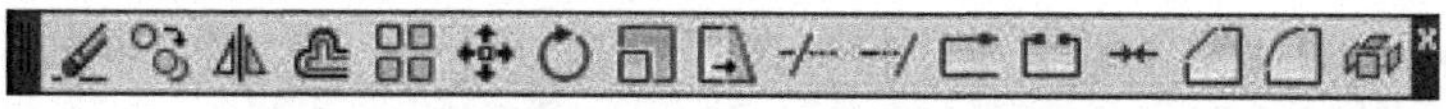

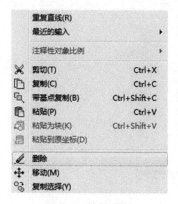

图 1-7 “修改”工具条

1.7.3 快捷键方式

在选定删除对象后，在命令行窗口输入 E，执行“删除”命令。

1.7.4 快捷菜单

右击选定的删除对象，出现快捷菜单，如图 1-8 所示，然后选择“删除”命令。

重复直线(R)
最近的输入
注释性对象比例
剪切(T) Ctrl+X
复制(C) Ctrl+C
带基点复制(B) Ctrl+Shift+C
粘贴(P) Ctrl+V
粘贴为块(K) Ctrl+Shift+V
粘贴到原坐标(D)
删除
移动(M)
复制选择(Y)

图 1-8 快捷菜单

1.7.5 命令行方式

在命令行窗口输入 ERASE，执行“删除”命令。

1.8 启用对象捕捉功能

为了能够精确地绘图，AutoCAD 2018 提供了 16 种对象捕捉工具，用以捕捉图元上的关键点(特征点)。各种对象捕捉工具按钮及其功能如图 1-9 所示。

捕捉到端点
捕捉到延长线
捕捉到垂足点
捕捉到最近点
临时追踪点
捕捉到交点
捕捉到象限点
捕捉到插入点
对象捕捉设置
捕捉自
捕捉到外观交点
捕捉到切点
捕捉到节点
捕捉到中点
捕捉到圆心
捕捉到平行线
无捕捉

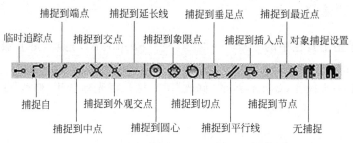

图 1-9 对象捕捉工具按钮及其功能

1.9　AutoCAD 2018 工作空间设置经典模式

1.9.1　显示菜单栏

（1）单击快速访问工具栏中的按钮，在下拉菜单中选择"显示菜单栏"命令，如图1-10所示。系统菜单出现在快速访问工具栏的下面，如图1-11所示。

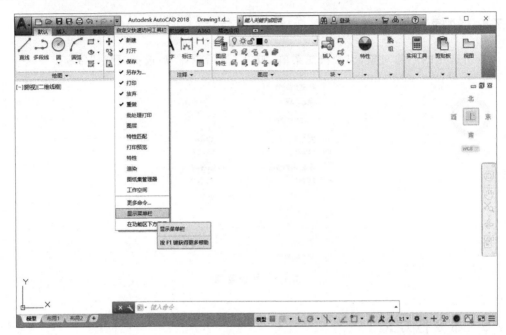

图 1-10　选择"显示菜单栏"命令

注意：当再次单击快速访问工具栏中的按钮时，在下拉菜单中显示是的"隐藏菜单栏"命令，选择"隐藏菜单栏"命令，或者在菜单栏工具条上右击，出现浮动"显示菜单栏"窗口，然后，选择"显示菜单栏"命令，则系统不显示系统菜单。

（2）经过上一步操作后，系统显示经典菜单栏，包含"文件""编辑""视图""插入""格式""工具""绘图""标注""修改""参数""窗口""帮助"菜单栏，如图1-11所示。

1.9.2　调出工具栏

（1）依次单击工具栏中的"工具"→"工具栏"→AutoCAD选项，展开级联菜单，选择"修改"命令，如图1-12所示。

（2）经过上一步操作，显示传统的"修改"工具栏。将光标置于"修改"工具栏上右击，显示快捷菜单，如图1-13所示。

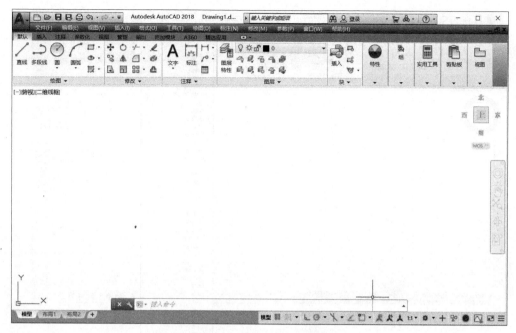

图 1-11　显示菜单栏后的界面

图 1-12　展开 AutoCAD 级联菜单

（3）在弹出的快捷菜单中选择"标准""特性""图层""绘图""对象捕捉""视觉样式""标注""绘图次序"等选项，分别显示相应的工具栏，如图 1-14 所示。

图 1-13　在"修改"工具栏上右击显示快捷菜单

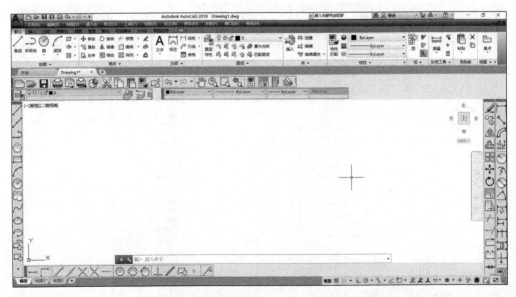

图 1-14　调出传统的二维绘图与编辑等工具栏

1.9.3　切换选项卡、面板标题、面板按钮

（1）单击"精选应用"选项卡右侧的上三角按钮，可以切换为"最小化为选项卡""最小化为面板标题""最小化为面板按钮"，系统并未关闭 RIBBON 菜单，如图 1-15 所示。

图 1-15 切换选项卡、面板标题、面板按钮

（2）关闭功能区。

如不显示"默认""插入""注释""参数化""视图""管理""输出""附加模块""A360""精选应用"功能区选项卡中工具条，则在该行任意位置右击，在弹出的快捷菜单中选择"关闭"命令即可，效果如图 1-16 所示。或者在命令行输入 RIBBONCLOSE，按 Enter 键即可。

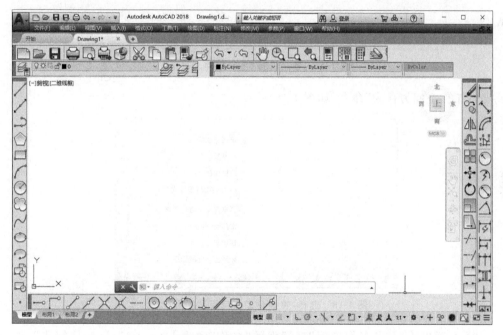

图 1-16 关闭 RIBBON 功能区

注意：如果要恢复功能区，在命令行中输入 RIBBON，按 Enter 键即可。

1.9.4 建立经典工作界面

（1）经过上述操作，传统的经典界面出现了。选择系统菜单中"工具"→"选项"命令，弹出如图 1-17 所示的"选项"对话框，选择"显示"选项卡，取消选择"显示文件选项卡"复选框，则"菜单栏"下方不显示"开始"和 Drawing1 等文件选项卡。

（2）单击图 1-17 下部 1∶1 右侧的"切换工作空间"按钮，在弹出的快捷菜单中选择

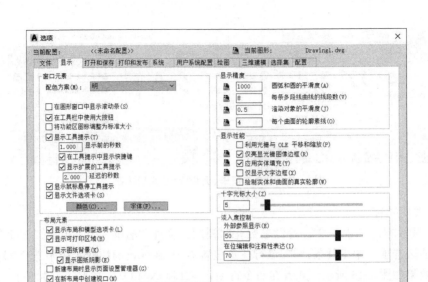

图 1-17 取消选择"显示文件选项卡"

"将当前工作空间另存为"命令，如图 1-18 所示。

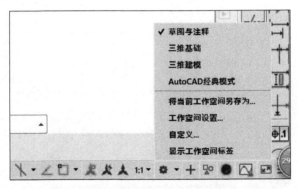

图 1-18 选择"将当前工作空间另存为"命令

（3）在弹出的"保存工作空间"对话框的"名称"中输入"AutoCAD 经典模式"，单击"保存"按钮，如图 1-19 所示。

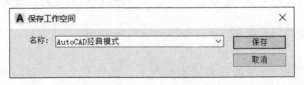

图 1-19 "保存工作空间"对话框

（4）使用经典工作空间。启动软件后，在工作空间列表中选择"AutoCAD 经典模式"即可。

1.9.5　恢复经典阵列对话框

完成了经典工作界面的创建，如果对新的阵列命令不习惯，那么通过以下操作恢复经典阵列对话框。

（1）菜单栏中选择"工具"→"自定义"→"编辑程序参数"命令，如图 1-20 所示。

图 1-20　展开编辑程序参数菜单

（2）在弹出的"acad-记事本"文件中找到"AR，＊ARRAY"一行，将其修改为"AR，＊ARRAYCLASSIC"，如图 1-21 所示，保存后关闭文件即可。

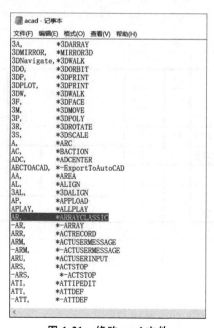

图 1-21　修改 acad 文件

（3）经过上述操作以后，在命令行输入 AR 命令，经典阵列命令就出现了，如图 1-22 所示。

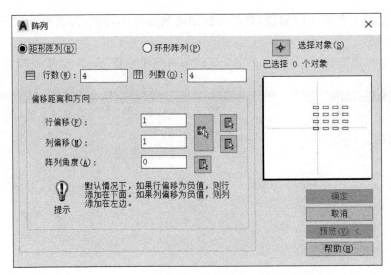

图 1-22　阵列命令

1.10　强化训练

熟悉 AutoCAD 2018 界面，试用直线命令做如图 1-23 所示的标题栏，并保存文件为姓名＋学号，不标注标题栏图中的尺寸。

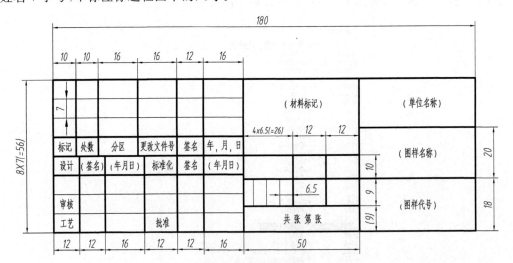

图 1-23　做"标题栏"

第 2 章

chapter 2

AutoCAD 2018 绘图环境设置

本章目标

- 掌握线型、线宽和图层的设置。
- 熟记图层特性管理器的使用方法。
- 熟练掌握文字注释标注的形式。

为了便于技术交流、档案的保存及各种出版物的发行,使制图规范和方法统一,国家质量技术监督局颁布了有关制图的国家标准。国家标准包括图纸规格、图样常用比例,图线及其含义,图样中常用的数字、字母等规范。因此,在使用 AutoCAD 2018 绘制机械图样之前,需要熟练掌握线型、线宽、图层及文字注释标注样式的设置。

2.1 线型、线宽和图层的设置

2.1.1 设置新图层

图层(Layer)是 AutoCAD 2018 提供的组织图形的强有力工具。所有的图形对象必须绘制在特定图层上。图层可以想象成是一张没有厚度的透明纸,上面画着该层的图形对象,所有的图层叠加在一起,就组成了一幅 AutoCAD 2018 的完整图形。

对图层的各种操作主要是通过"图层特性管理器"对话框来完成的。单击图标 或选择"格式"→"图层"命令,弹出如图 2-1 所示的"图层特性管理器"对话框。在图层属性设置中,主要涉及图层名称、关闭/打开图层、冻结/解冻图层、锁定/解锁图层、图层线条颜色、图层线条线型、图层线条宽度、图层打印样式以及图层是否打印 9 个参数。

2.1.2 设置图层线条的颜色

在工程制图中,整个图形包含多种不同功能的图形对象,如实体轮廓线、剖面线与尺寸标注等。为了便于直观地区分它们,就有必要针对不同的图形对象使用不同的颜色。要更改图层颜色时,单击图层所对应的颜色图标,弹出"选择颜色"对话框,如图 2-2 所示,即可针对颜色进行相应的设置。

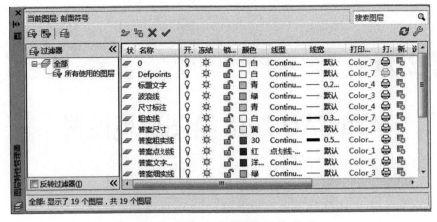

图 2-1　"图层特性管理器"对话框

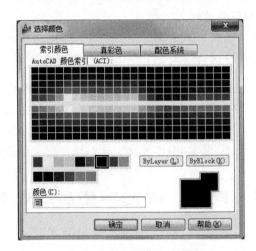

图 2-2　"选择颜色"对话框

2.1.3　设置图层线型

线型是指作为图形基本元素线条的组成和显示方式，如实线、点画线等。在绘图工作中，常常以线型划分图层。为某一个图层设置适合的线型后，在绘图时只需要将该图层设为当前工作层，即可绘制出符合线型要求的图形对象，极大地提高了绘图的效率。

单击图层所对应的线型图标，弹出"选择线型"对话框，如图 2-3 所示。默认情况下，在"已加载的线型"列表框中，系统只列出了 Continuous 线型。单击"加载"按钮，打开如图 2-4 所示的"加载或重载线型"对话框，可以看到 AutoCAD 2018 还提供了其他线型，用鼠标选择所需线型，然后单击"确定"按钮，即可把该线型加载到"选择线型"对话框的"已加载的线型"列表框中。

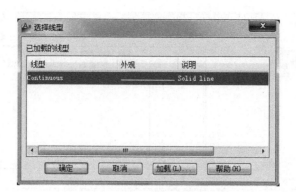

图 2-3　"选择线型"对话框

2.1.4　设置图层线宽

线宽设置就是改变线条的宽度。用不同宽度的线条表现图形对象的类型,可以提高图形对象的表达能力和可读性。使用线宽特性,用户可以创建粗细不一样的线,如图 2-5 所示。任何小于 0.25mm 的对象都可以以一个像素单位显示。在绘图时,状态工具栏上的"线宽"按钮呈按下状态时才显示粗线的线宽。

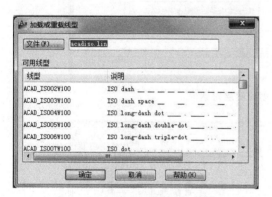

图 2-4　"加载或重载线型"对话框

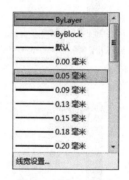

图 2-5　"线宽"界面

2.2　图层特性管理器

2.2.1　新建图层

(1) 单击"图层"面板中的"图层特性"按钮,打开"图层特性管理器"对话框,单击"新建图层"按钮,如图 2-6 所示。

(2) 此时在图层列表中,即可显示新图层"图层 1",单击"图层 1"后再单击"图层 1"名称,进入图层名编辑状态,如图 2-7 所示,输入所需图层新名称。

(3) 按照同样的操作方法,创建其他图层,创建的图层如图 2-8 所示。

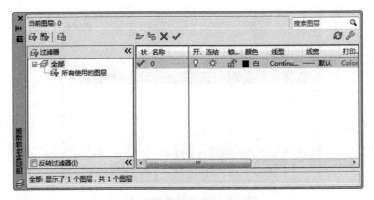

图 2-6 "图层特性管理器"对话框

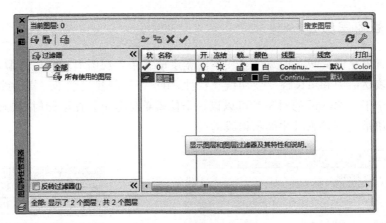

图 2-7 创建图层对话框

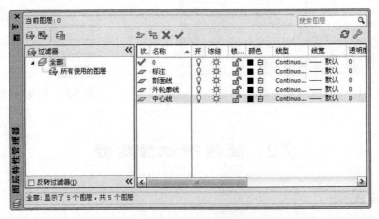

图 2-8 创建其他图层

（4）单击"中心线"图层中的"颜色"参数，打开"选择颜色"对话框，如图 2-9 所示。

（5）在图 2-9 所示对话框中选择适合的颜色，这里选择"红色"。单击"确定"按钮，即可更改图层的颜色，如图 2-10 所示。

（6）单击"中心线"图层中的"线型"参数，打开"选择线型"对话框，如图 2-11 所示，单

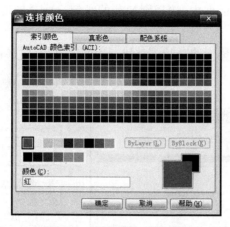

图 2-9　"选择颜色"对话框

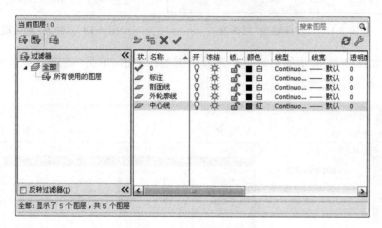

图 2-10　中心线颜色设置

击"加载"按钮。

（7）在打开的"加载或重载线型"对话框中选择需要的线型样式，如图 2-12 所示，单击"确定"按钮，返回上一层对话框。

图 2-11　"选择线型"对话框

图 2-12　"加载或重载线型"对话框

（8）在"选择线型"对话框中，选择刚加载的线型，单击"确定"按钮，如图 2-13 所示，完成当前线型的设置。

（9）单击"中心线"图层中的"线宽"参数，打开"线宽"对话框，如图 2-14 所示。

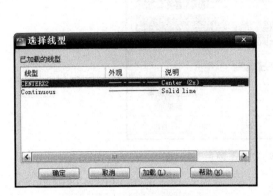

图 2-13 "选择线型"对话框   **图 2-14** "线宽"对话框

（10）在如图 2-14 所示的对话框中选择所需的线宽值，单击"确定"按钮，即可将该线宽属性更改，如图 2-15 所示。

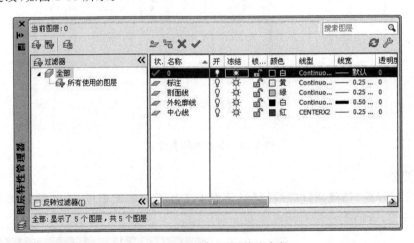

图 2-15 更改"中心线"线宽参数

2.2.2 删除图层

（1）在"图层特性管理器"中选择要删除的图层，如图 2-16 所示。

（2）选择完成后，单击"删除"按钮，即可将该图层删除。

2.2.3 置为当前图层

置为当前图层是将选定的图层设置为当前图层，并在当前图层上创建对象，设置当前图层的方法有两种，下面将分别对其进行介绍。

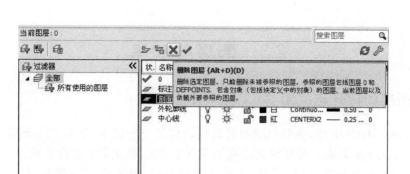

图 2-16　删除图层

（1）在"常用"选项卡的"图层"面板中单击"图层特性"按钮，在打开的"图层特性管理器"中选择所需的图层，再单击面板上的"置为当前"按钮，即可设为当前层，如图 2-17 所示。

图 2-17　置为当前图层操作

（2）在"常用"选项卡的"图层"面板中单击"图层"右侧的下三角按钮，在打开的图层列表中选择所需的图层，即可将其设为当前层，如图 2-18 所示。

图 2-18　"图层"列表 1

2.3　图层的管理

2.3.1　图层的打开与关闭

在 AutoCAD 2018 中,将要隐藏的对象移动到某个图层中,然后关闭该图层即可将对象隐藏,图层上的对象只是暂时被隐藏为不可见状态,但实际上是存在的。

打开"图层特性管理器"对话框,选择所需的图层,单击该图层前的"打开/关闭"按钮,即可将该图层显示或隐藏。

（1）在打开的"图层特性管理器"对话框中,单击所需图层中的"开"按钮,将其图标变为灰色,这里选中"中心线"图层,如图 2-19 所示。

图 2-19　隐藏图层

（2）当"中心线"图层关闭后,此时在绘图窗口中,一些与"中心线"图层相关的图形将不显示。除了以上方法外,还可直接在"常用"选项卡的"图层"面板中单击"图层"右侧的下三角按钮,在打开的图层列表中,选择相关的图层,进行关闭或打开操作,如图 2-20 所示。

图 2-20　"图层"列表 2

2.3.2　图层的冻结与解冻

（1）冻结图层有利于减少系统重生成图形的时间,在冻结图层中的图形文件则不显示在绘图窗口中。在打开的"图层特性管理器"对话框中选择所需的图层,单击"冻结"按钮,当图标变成"雪花"图样时即完成图层的冻结,如图 2-21 所示。

（2）在"常用"选项卡"图层"面板中单击"图层"右侧的下三角按钮,在打开的图层列表中,单击所需图层的"冻结"按钮,也可完成冻结操作。若想解冻,同样单击该按钮,即可完成图层解冻操作,如图 2-22 所示。

2.3.3　图层的锁定与解锁

将图层锁定后,将无法修改该图层上的所有对象。锁定图层可以降低意外修改对象

图 2-21　图层冻结操作

的可能性。

当锁定某图层后,该图层颜色会比没有锁定之前要浅,而将光标移动到锁定的对象上将会出现锁定符号,同时被锁定的对象不能被选中,也不能被编辑,如图 2-23 所示。

　　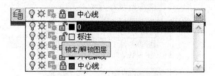

图 2-22　"图层"列表 3　　　　　　图 2-23　锁定图层界面

2.3.4　图层合并

图层合并是将选定的图层合并到目标图层中,并将以前的图层从图形中删除。

在菜单栏中选择相应的命令,并根据命令窗口的提示,在绘图窗口中,选择要合并的图层对象,即可将图层进行合并。

具体操作步骤如下:

(1) 在菜单栏中选择"格式"→"图层工具"→"图层合并"命令。

(2) 根据需要,在绘图窗口中选择所要合并的图层对象,这里选择"标注"图层上的图形对象。

(3) 选择好后,按 Enter 键确认,在绘图窗口中选择要合并的对象,这里选择"中心线"图层上的图形对象。

(4) 选择好后单击,在光标右下角的快捷列表中选择"是",即可完成图层合并操作。

2.3.5　图层匹配

图层匹配是更改选定对象所在的图层,以使其匹配目标图层。图层匹配就相当于一把格式刷,可以将目标图层的特性进行继承,在进行图层匹配时先选择要进行匹配的对象,然后再选择要继承的对象,程序自动将匹配的图层继承目标图层的特性。

(1) 在菜单栏中选择"格式"→"图层工具→图层"命令,根据命令窗口的提示信息,选择所需匹配的图形对象,这里选择"中心线"图形。

（2）选择完成后，按 Enter 键，根据需要选择目标图层上的图形对象，这里选择"外轮廓线"图形，即可完成图层匹配操作。

2.4 文字的注释标注

2.4.1 文字标注样式

与尺寸标注一样，在进行文字标注之前同样需要设置文字的样式。文字样式包括字体的选择、字体大小、字体效果、宽度因子和倾斜角度等。

在如图 2-24 所示的"文字样式"对话框中单击"新建"按钮，在"新建文字样式"对话框中的"样式名"文本框中输入新的样式名后，如图 2-25 所示，单击"确定"按钮，即可返回至"文字样式"对话框，完成新建文字样式的设置。

图 2-24 "文字样式"对话框   图 2-25 "新建文字样式"对话框

选择新建的文字样式后右击，在弹出的快捷菜单中，可以对当前选择的文字样式进行删除、重命名和置为当前等操作。

2.4.2 单行文字标注

单行文字标注可创建一行或多行文字注释，按 Enter 键后即可换行输入。但每行文字都是独立的对象。创建好文字样式后即可进行文字标注。

在"注释"选项卡的"文字"面板中单击"单行文字"按钮，根据命令的提示，在绘图窗口中确定文字的起点，并输入文字的旋转角度，然后在绘图窗口中输入文字内容，按 Enter 键，即可转入下一行文字输入，按 Esc 键则退出文字标注。

2.4.3 多行文字标注

多行文字标注包含一个或多个文字段落，可作为单一的对象处理。在输入文字标注之前需要先指定文字边框的对角点,文字边框用于定义多行文字对象中段落的宽度。多行文字对象的长度取决于文字量,而不是边框的长度。多行文字一般有 4 个夹点,可以用夹点移动或旋转多行文字对象。

　　设置完文字样式后就可以进行多行文字标注了,在"注释"选项卡的"文字"面板中单击"多行文字"按钮,然后在绘图窗口中框选出多行文字的区域范围,即可进入文字编辑文本框,在该文本框中,输入相关文字后,单击绘图窗口的空白处,即可完成多行文字标注操作。

　　输入文字后,用户可对当前文字进行修改编辑。选择要修改的文字,在"文字编辑器"选项卡中,根据需要选择相关命令进行操作即可。

　　"文字编辑器"选项卡由"样式""格式""段落""插入""拼写检查""工具""选项"及"关闭"面板组成。

　　在"格式"面板中,单击"背景遮罩"按钮,打开"背景遮罩"对话框,勾选"使用背景遮罩"复选框,输入"边界偏移因子"后,设置一种填充颜色,单击"确定"按钮。在绘图窗口中可以发现文本框的背景颜色已经被更改。

2.5　尺 寸 标 注

2.5.1　基本尺寸标注

　　在标注之前,需要先设置标注样式,这样在尺寸标注时才能够统一。

　　单击"注释"选项卡的"标注"面板右侧的扩展按钮,打开"标注样式管理器"对话框,在该对话框中,可以新建、修改现有的样式列表或将其进行替换和比较等,如图 2-26 所示。

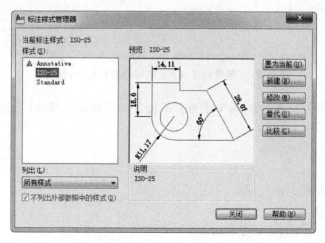

图 2-26　"标注样式管理器"对话框

　　单击"新建"按钮,打开"创建新标注样式"对话框,在对话框中输入标注样式的名称"机械图纸标注"并单击"继续"按钮,即可创建新的标注样式,如图 2-27 所示。

　　在弹出的"新建标注样式:机械图纸标注"对话框中,用户可设置标注样式中的文字、线型、线宽以及箭头和符号等相关信息,如图 2-28 所示。

图 2-27 "创建新标注样式"对话框

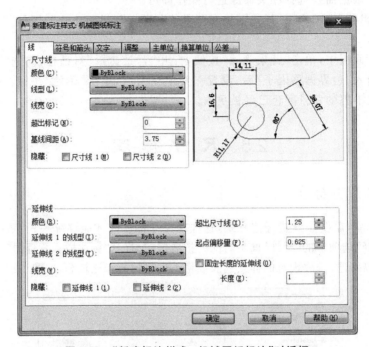

图 2-28 "新建标注样式：机械图纸标注"对话框

该对话框包含 7 个选项卡,每个选项卡都包含对应的相关参数。下面简单介绍各选项卡的主要参数。

1．"线"选项卡

"线"选项卡如图 2-29 所示。

1)"尺寸线"选项组

(1)"颜色"。用于显示线型的颜色。

(2)"线型"。用于控制尺寸线的线型。

(3)"线宽"。用于控制尺寸线的宽度。

(4)"超出标记"。用于控制在使用倾斜、建筑标记、积分箭头或无箭头状态下尺寸线延长到尺寸界线外面的长度。

(5)"基线间距"。控制使用基线尺寸标注时,两条尺寸线之间的距离。

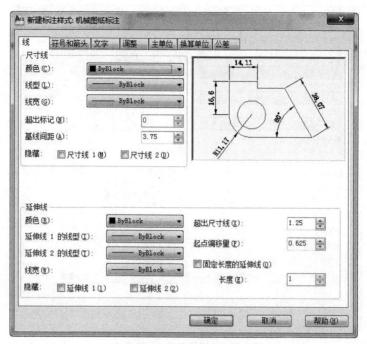

图 2-29　"线"选项卡

（6）"隐藏"。用于控制尺寸线两个组成部分的可见性，即尺寸线被标注文字分成两部分，而标注文字不在尺寸线内。

2）"延伸线"选项组

（1）"颜色"。用于控制尺寸界线的颜色。

（2）"延伸线 1 的线型""延伸线 2 的线型"。用于分别控制尺寸界线的线型。

（3）"线宽"。用于控制尺寸界线的宽度。

（4）"隐藏"。用于控制尺寸界线的隐藏和显示。

（5）"超出尺寸线"。用于控制尺寸界线超出尺寸线的距离。

（6）"起点偏移量"。用于控制尺寸界线到定义点的距离，但定义点不会受到影响。

（7）"固定长度的延伸线"。控制延伸的固定长度。

2. "符号和箭头"选项卡

"符号和箭头"选项卡如图 2-30 所示。

（1）"箭头"选项组。该选项组主要用于选择箭头和引线的种类并定义它们的大小。

（2）"圆心标记"选项组。该选项组主要用于控制圆心标记的类型和大小。

选择类型为"标记"时（系统默认），只在圆心位置以短十字线标注圆心。选择类型为"直线"时，表示标注圆心时标注线将延伸到圆外。选择类型为"无"时，将关闭中心标记。

（3）其他选项组。"折断标注"选项组可以设置折断大小。"半径折弯标注"选项组用于控制折弯标注时文字的高度比例因子。"弧长符号"选项组用于控制标注弧长时文字的位置。"线性折弯标注"选项组用于控制线性标注折弯的显示。

图 2-30　"符号和箭头"选项卡

3. "文字"选项卡

"文字"选项卡如图 2-31 所示。

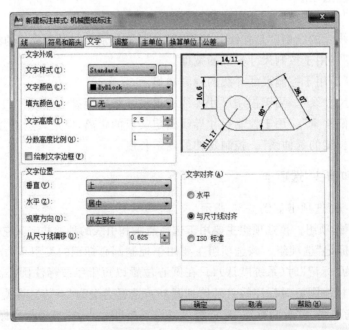

图 2-31　"文字"选项卡

（1）"文字外观"选项组。该选项组用于设置文字的"文字样式""文字颜色""填充颜色""文字高度"以及"绘制文字边框"等。

（2）"文字位置"选项组。该选项组主要是用于从各个方位来控制文字的位置，以及从尺寸线偏移的距离。

（3）"文字对齐"选项组。该选项组主要是用于控制文字对齐的样式。

4．"调整"选项卡

"调整"选项卡如图 2-32 所示。

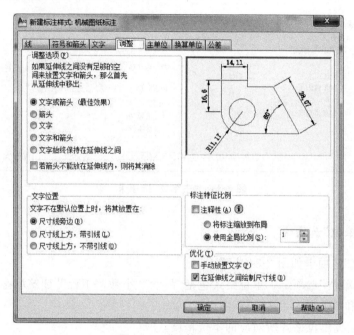

图 2-32　"调整"选项卡

（1）"调整选项"选项组。该选项组用于调整文字和箭头的最佳状态，选任意选项将自动调整标注样式。

（2）"文字位置"选项组。该选项组用来设置文字的放置位置。

（3）"标注特征比例"选项组。该选项组用于设置全局比例显示效果。

（4）"优化"选项组。该选项组主要用于标注时的优化设置。

5．"主单位"选项卡

"主单位"选项卡如图 2-33 所示。

（1）"线性标注"选项组。该选项组主要用于设置单位格式和单位精确度，对于精密部件一般都要求精确到 0.01。

（2）"测量单位比例"选项组。该选项组用于测量对象时显示的全局比例。

（3）"消零"选项组。该选项组是用于将整数对象中的零消除。

（4）"角度标注"选项组。该选项组用于设置标注对象的角度。

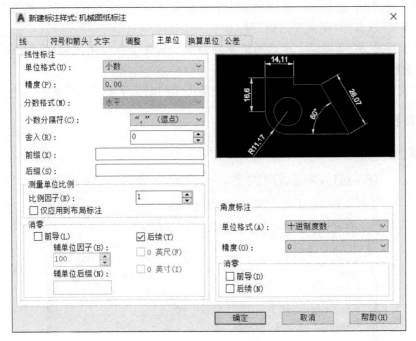

图 2-33 "主单位"选项卡

6. "换算单位"选项卡

"换算单位"选项卡如图 2-34 所示。

（1）"换算单位"选项组。单位格式包括"科学""小数""工程""建筑堆叠""分数堆叠""建筑""分数"和"Windows 桌面"等格式。

"精度"：设置单位格式所对应的单位精度。

"换算单位倍数"：用来设置换算单位时，当前值与换算单位的倍数。

（2）"消零"选项组。该选项组用于控制前导零或后续零是否输出。

（3）"位置"选项组。该选项组用来调整标注的位置是在主值后还是主值下。

7. "公差"选项卡

"公差"选项卡如图 2-35 所示。

（1）"公差格式"选项组。该选项组主要用于控制公差格式。

"方式"：包含"对称公差""极限偏差""极限尺寸"和"基本尺寸"等方式。

"精度"：用于设置小数位数。

"上偏差"：设置最大公差值或上偏差值。

"下偏差"：设置最小公差值或下偏差值。

"高度比例"：设置当前公差的文字高度比例。

"垂直位置"：控制对称公差和极限公差文字的对齐方式。

（2）"换算单位公差"选项组。该选项组用来设置换算单位公差单位的精度和消零

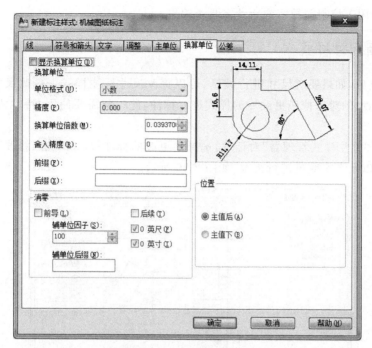

图 2-34　"换算单位"选项卡

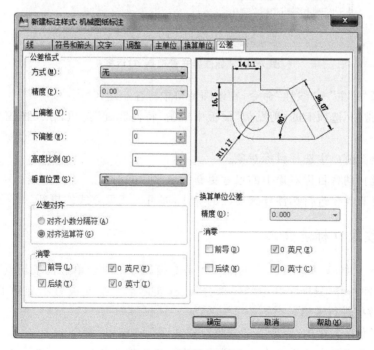

图 2-35　"公差"选项卡

规则。

　　"精度"：设置小数位数。

"消零"：用于控制前导零或后续零是否输出。

2.5.2　编辑尺寸样式

标注完成后，如果要对尺寸进行编辑，可以更改尺寸标注样式。更改尺寸标注样式后要将已经标注的对象按照更改后的样式进行标注，此时就需要使用"特性匹配"命令来更新对象。

（1）打开"标注样式管理器"对话框，选择要更改的标注样式，单击"修改"按钮，将尺寸线、延长线以及文字颜色进行更改，如图2-36所示。

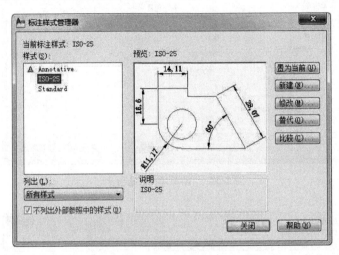

图2-36　"标注样式管理器"对话框

（2）选择"标注"→"线性"命令，在绘图窗口中标注一组尺寸。

（3）在"常用"选项卡的"剪贴板"面板中单击"特性匹配"按钮，在绘图窗口中选择源对象。

（4）在绘图窗口中选择目标对象。

（5）系统自动将目标对象上的尺寸更新为修改后的对象。

（6）选择其他要进行标注样式更改的标注，即可完成尺寸线的更新。

2.5.3　修改尺寸标注文本

在尺寸标注中，只有标注出来的尺寸才是准确尺寸。对于单边比较长或比较高的图形，可以将中间断开，只标注其中的一部分，这样实际测量的距离就不准确了，需要将测量出的距离数据进行编辑。

（1）选择菜单栏中的"修改"→"对象"→"文字"→"编辑"命令。

（2）在绘图窗口中选择一个标注尺寸作为要进行编辑的尺寸。此时被选中的尺寸显示为可编辑状态。

（3）重新输入一个尺寸值，单击绘图窗口空白区域，即可完成尺寸的编辑。

（4）使用文字编辑命令在绘图窗口中选择要进行编辑的尺寸。

（5）在尺寸前面输入字符"％％C"，则会显示出直径符号。

使用文字编辑命令不仅可以对标注的尺寸进行编辑，还可以对文字标注进行编辑。使用文字编辑命令，在绘图窗口中选择要进行编辑的文字，重新输入文字信息后即可对文字进行编辑。

2.5.4　调整文字标注位置

调整文字标注位置就是将已经标注的文字位置进行调整，可以将标注文字调整到左边、中间或右边，还可以重新定义一个新的位置。

在菜单栏中选择"标注"→"对齐文字"命令，在打开的级联菜单中，包含了 5 种文字位置的样式。

"默认"：将文字标注移动到原来的位置。

"角度"：改变文字标注的旋转角度。

"左"：将文字标注移动到左边的尺寸界线处，该方式适用于线性、半径和直径标注。

"居中"：将文字标注移动到尺寸界线的中心处。

"右"：将文字标注移动到右边的文字界线处。

2.5.5　分解尺寸对象

分解标注尺寸可以将对象分解成为文本、箭头和尺寸线等多个对象，分解尺寸后，用户可以单独选择尺寸对象的文本、箭头和尺寸线等。

执行"分解"命令，在绘图窗口中选择要进行分解的对象，选择完成后按 Enter 键，程序自动将选择的对象进行分解。

2.6　强化训练

熟悉 AutoCAD 2018 图层设置、文字样式设置和尺寸样式设置。按如下要求绘图设置并保存文件，文件名为姓名＋学号。

（1）在第 1 章强化实训练习中，继续设置 A3 图幅（420mm×297mm），填写标题栏信息。设置 3 种文字样式，具体如表 2-1 所示。

表 2-1　标题栏信息文字的字体、高度和宽度因子

名　　称	字　　体	高　　度	宽度因子
汉字 35	仿宋	3.5	0.7
汉字 50	仿宋	5.0	0.7
数字 35	gbeitc.shx	3.5	0.7

（2）设置标注样式，参数调整如下，其余参数使用系统默认设置。

① 线选项卡：起点偏移量设为 0，超出尺寸线设为 2。

② 符号和箭头选项卡：箭头大小设为 2.5。

③ 文字选项卡：文字样式设为上述创建的数字 35。

④ 调整选项卡：调整选项设为文字与箭头。

⑤ 主单位选项卡：根据需要进行设定，如果没有小数位，将精度设为 0。

（3）设置图层。新建图层、颜色、线型、线宽要求如表 2-2 所示。

表 2-2　新建图层的颜色、线型和线宽

名　　称	颜　　色	线　　型	线　　宽
1 轮廓实线层	白	Continuous	0.50
2 细线层	青	Continuous	0.25
3 中心线层	红	CENTER2	0.25
4 虚线层	洋红	DASHED2	0.25
5 剖面线层	黄	Continuous	0.25
6 标注层	青	Continuous	0.25
7 文字层	绿	Continuous	0.25

第 3 章

平面圆弧连接

本章目标

- 掌握各种圆弧连接情况的作图方法。
- 熟记圆弧连接中 AutoCAD 2018 主要相关工具的使用方法。
- 熟练掌握圆弧连接的作图步骤。

在绘制机械图样时,常常会遇到从一条直线(或圆弧)光滑地过渡到另一条线的情况,这种光滑过渡就是平面几何中的相切。在练习本章内容之前,请读者先预习圆弧连接的原理,在 AutoCAD 2018 中进行圆弧连接,如执行倒圆角命令不能达到图样的要求时,可以采用最基本的圆弧作图原理求出圆心和切点,完成图样的圆弧连接。

3.1 圆弧连接分析

3.1.1 两条直线用圆弧连接

两条直线圆弧连接分为两类,即两条直线垂直相交和两条直线一般相交。在用 AutoCAD 2018 绘制图形时,使用倒圆角命令实现直线与直线的圆弧连接。

1. 两条垂直相交直线圆弧连接

1)作图步骤之一

(1)求切点。以两条直线的交点为圆心,以圆弧半径为半径作圆,相交于两条直线。

(2)求圆心。分别以两个交点为圆心,以圆弧半径为半径作圆,两个圆交点为连接圆弧的圆心。

(3)圆弧连接。以圆心为圆心,以圆弧半径为半径作圆,删除多余部分,完成两条直线圆弧连接,如图 3-1 所示。

2)作图步骤之二

作图步骤如图 3-2 所示。作图原理如下:

(1)求圆心。分别过两条直线作距离为 R 的平行线,其交点为连接圆弧的圆心。

(2)求切点。从圆心向两条直线作垂线,其垂足即为两个切点。

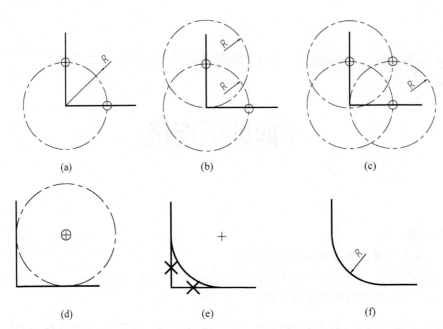

图 3-1　两条垂直相交直线用圆弧连接 1

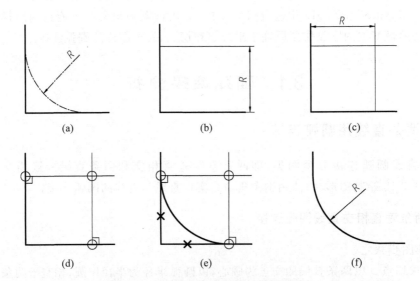

图 3-2　两条垂直相交直线用圆弧连接 2

（3）圆弧连接。以圆心为中心，两个切点为起始点和终止点画圆弧，完成两条直线圆弧连接。

2．两条一般相交直线的圆弧连接

作图步骤如图 3-3 所示。

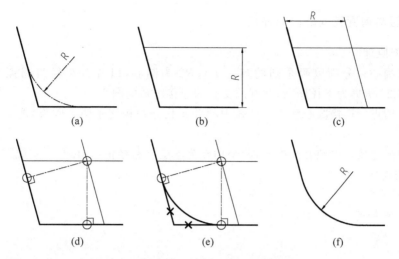

图 3-3 两条相交直线用圆弧连接

3. AutoCAD 2018 实现两条直线的圆弧连接

在 AutoCAD 2018 中实现两条直线的圆弧连接可以直接利用"修改"工具中的"圆角"命令,如表 3-1 所示。

表 3-1 "圆角"命令获取方法

菜 单	工具条	快捷键	快捷菜单	命令行
"修改"→"圆角"		f	N/A	fillet

"圆角"命令是给对象加圆角。首先设置修剪模式和半径数值,然后单击需要倒圆角的第一个对象和第二个对象即可完成圆角操作。

```
命令: _fillet
当前设置: 模式=不修剪, 半径=0.0000
选择第一个对象或 [放弃(U)/多段线(P)/半径(R)/修剪(T)/多个(M)]: r
指定圆角半径 <0.0000>: 5
选择第一个对象或 [放弃(U)/多段线(P)/半径(R)/修剪(T)/多个(M)]:
选择第二个对象, 或按住 Shift 键选择要应用角点的对象:
```

当需要内外切圆弧连接的两个圆心距离较远、倒圆角半径较大、AutoCAD 2018 的倒角命令达不到效果要求的时候,就要利用原理作图方法作图。

3.1.2 圆弧与两圆弧连接

圆弧与两圆弧连接分为 3 种情况。

1. 圆弧与两圆弧同时内切连接

1）作图原理

（1）求圆心。分别以两个圆的圆心 $R1$、$R2$ 为圆心，以各自半径与圆弧半径之差（$R3-R1$、$R2-R1$）为半径作圆，两圆的交点为连接圆弧的圆心。

（2）求切点。连接圆心和两个圆弧中心并延长分别相交于两个圆弧，两个交点即为切点。

（3）圆弧连接。以圆心为中心，两个切点为起始点和终止点画圆弧，完成圆弧和两圆弧同时内切连接。

2）作图步骤

作图步骤如图 3-4 所示。

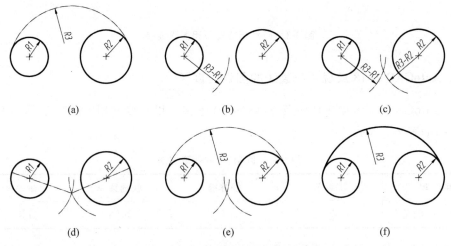

图 3-4　圆弧与两圆弧同时内切连接

2. 圆弧与两圆弧同时外切连接

1）作图原理

（1）求圆心。分别以两个圆圆心（$R1$、$R2$）为圆心，以各自半径与圆弧半径之和（$R1+R3$、$R2+R3$）为半径作圆，两圆的交点为连接圆弧的圆心。

（2）求切点。连接圆心和两个圆弧中心分别相交于两圆弧，两个交点即为切点。

（3）圆弧连接。以圆心为中心，两个切点为起始点和终止点画圆弧，完成圆弧和两圆弧同时外切连接。

2）作图步骤

作图步骤如图 3-5 所示。

3. 圆弧与两圆弧内切和外切连接

1）作图原理

（1）求圆心。以 $R1$ 圆圆心为圆心，以 $R1+R3$ 为半径作圆；以 $R2$ 圆圆心为圆心，以

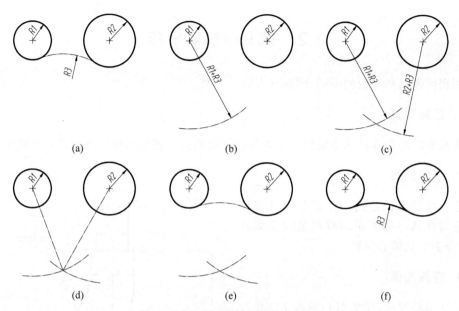

图 3-5　圆弧与两圆弧同时外切连接

$R3-R2$ 为半径作圆,两个新圆的交点为连接圆弧的圆心。

　　(2) 求切点。连接圆心和 $R1$ 圆圆心相交于圆,连接圆心和 $R2$ 圆圆心并延长相交于圆,两个交点即为切点。

　　(3) 圆弧连接。以圆心为中心,两个切点为起始点和终止点画圆弧,完成圆弧和两圆弧同时外切连接。

　　2) 作图步骤

　　作图步骤如图 3-6 所示。

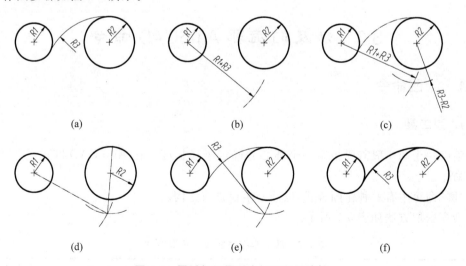

图 3-6　圆弧与两圆弧内切和外切连接

3.2 圆弧线段分析

根据圆弧已知参数的不同，圆弧分为以下3类。

1. 已知圆弧

半径和圆心位置的两个定位尺寸均为已知的圆弧。根据图中所注尺寸直接画出。

2. 中间圆弧

已知半径和圆心的一个定位尺寸的圆弧。它需在其一端连接的线段或圆弧画出后，才能确定其圆心位置。

3. 连接圆弧

已知半径尺寸，而无圆心的两个定位尺寸的圆弧。它需要在其两端相连接的线段或圆弧画出后，通过作图才能确定其圆心位置。

下面以吊钩圆弧线段分析为例，如图 3-7 所示。

（1）已知圆弧尺寸 $R32, \phi27$。

（2）中间圆弧尺寸 $R27, R15$。

（3）连接圆弧尺寸 $R28, R40, R3$。

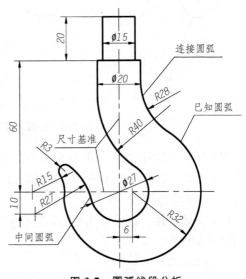

图 3-7 圆弧线段分析

3.3 涉及的主要 AutoCAD 命令

3.3.1 绘图命令

1. 圆工具

绘制一个圆一般需要指定一个圆心并确定半径长度。在 AutoCAD 2018 菜单中有"圆"命令。

"圆"命令中有六种作圆方式，以圆心半径方式为例。

命令获取方法如表 3-2 所示。

表 3-2 圆心半径方式命令获取方法

菜　单	工具条	快捷键	快捷菜单	命令行
"绘图"→"圆"→"圆心半径"	⊘ …	c	N/A	circle

"圆"命令作圆。首先选择作圆方式,然后单击选择指定圆的圆心,并输入指定圆的半径,即可完成圆操作。绘圆命令一览表如表 3-3 所示。

命令:_circle
指定圆的圆心或 [三点(3P)/两点(2P)/切点、切点、半径(T)]:
指定圆的半径或 [直径(D)]:5

表 3-3　绘圆命令一览表

菜　　单	工具条	快捷键	快捷菜单	命令行
"圆心""半径"	⊙	c	N/A	circle
"圆心""直径"	⊘	c	N/A	circle
"两点"	○	c	N/A	circle
"三点"	○	c	N/A	circle
"相切""相切""半径"	⊗	c	N/A	circle
"相切""相切""相切"	○	c	N/A	circle

2. 圆弧工具

圆弧是圆的一部分,绘制圆弧一般需要指定 3 个点即起点、圆弧上一点和圆弧的端点。在 AutoCAD 2018 菜单中有"圆弧"命令,"圆弧"命令有 10 种作圆弧方式。以三点方式为例,命令获取方法如表 3-4 所示。

表 3-4　三点方式命令获取方法

菜　　单	工具条	快捷键	快捷菜单	命令行
"绘图"→"圆弧"→"三点"	⌒ …	a	N/A	arc

"圆弧"命令作圆弧。首先选择作圆弧方式(一般选择三点方法)。圆弧命令一览表如表 3-5 所示。

命令:_arc
指定圆弧的起点或 [圆心(C)]:
指定圆弧的第二个点或 [圆心(C)/端点(E)]:
指定圆弧的端点:

表 3-5　圆弧命令一览表

菜　　单	工具条	快捷键	快捷菜单	命令行
"三点"	⌒	a	N/A	arc
"起点""圆心""端点"	⌒	a	N/A	arc

菜　　单	工具条	快捷键	快捷菜单	命令行
"起点""圆心""角度"		a	N/A	arc
"起点""圆心""长度"		a	N/A	arc
"起点""端点""角度"		a	N/A	arc
"起点""端点""方向"		a	N/A	arc
"起点""端点""半径"		a	N/A	arc
"圆心""起点""端点"		a	N/A	arc
"圆心""起点""角度"		a	N/A	arc
"圆心""起点""长度"		a	N/A	arc

3.3.2　编辑命令

1. 删除工具

在 AutoCAD 2018 菜单中有"删除"命令。获取方法如表 3-6 所示。

表 3-6　"删除"命令获取方法

菜　　单	工具条	快捷键	快捷菜单	命令行
"修改"→"删除"		e		erase

```
命令：_erase
选择对象：找到 1 个
选择对象：
```

在 CAD 中常使用一些简单命令使人们更快捷地完成作图，以此来提高工作效率。
以下是几种常用的删除快捷键。

（1）Delete 键。选择或框取自己需要删除的线然后按 Delete 键。

（2）Ctrl＋X 组合键。选择或框取自己需要删除的线然后按 Ctrl＋X 组合键。

2. 阵列工具

在作图过程中，经常会遇到几个相同的图形阵列的情况。在 AutoCAD 2018 中，阵
列有环形阵列和矩形阵列两种形式。在"修改"工具中有"阵列"命令。"阵列"命令获取
方法如表 3-7 所示。

表 3-7　"阵列"命令获取方法

菜　　单	工具条	快捷键	快捷菜单	命令行
"修改"→"阵列"		ar	N/A	array

"阵列"命令使对象成矩形或环形排列。首先鼠标点击选择需要阵列的对象,然后单击右键,选择快捷菜单中的"阵列中心"命令即可完成阵列操作。

```
命令:_array
选择对象:找到 1 个
选择对象:
指定阵列中心点:
```

3.3.3 标注命令

1. 标注工具

AutoCAD 2018 菜单中"标注"工具里有各种尺寸标注命令。

"标注"工具可以简单快捷地完成线性标注、角度标注、圆心标注和公差、引线等标注。根据需要选择标注命令对所选择对象进行相应的尺寸标注。以线性标注为例,其命令获取方法如表 3-8 所示。

表 3-8　线性标注命令获取方法

菜　单	工具条	快捷键	快捷菜单	命令行
"标注"→"线性"	⊢	dli	N/A	dimlinear

"线性"命令对所选对象进行快捷标注时,首先分别单击选择指定第一、二条延伸线的原点,然后指定尺寸线位置即可完成线性标注的操作。一般常用的标注命令获取方法如表 3-9 所示。

```
命令:_dimlinear
指定第一条延伸线原点或 <选择对象>:
指定第二条延伸线原点:
指定尺寸线位置或
[多行文字(M)/文字(T)/角度(A)/水平(H)/垂直(V)/旋转(R)]:
标注文字=5.0
```

表 3-9　一般常用的标注命令获取方法

菜　单	工具条	快捷键	快捷菜单	命令行
"线性"	⊢	dli	N/A	dimlinear
"半径"	⊙	dra	N/A	dimradius
"直径"	⊘	ddi	N/A	dimdiameter
"角度"	△	dan	N/A	dimangular
"弧长"	⌒	dar	N/A	dimarc

2. 文字工具

在 AutoCAD 2018 菜单中有"文字"命令。以多行文字为例，其命令获取方法如表 3-10 所示。

表 3-10　多行文字命令获取方法

菜　单	工具条	快捷键	快捷菜单	命令行
"绘图"→"文字"	A	mt	N/A	mtext

"文字"命令可以对需要的地方添加描述或者完成需要设定的尺寸标注等。首先设定所需文字样式、注释性等，然后单击选择文字所处区域的第一角点和对角点即可完成文字操作。

```
命令：_mtext
当前文字样式："PC_TEXTSTYLE"文字高度：5.0000 注释性：否
指定第一角点：
指定对角点或 [高度(H)/对正(J)/行距(L)/旋转(R)/样式(S)/宽度(W)/栏(C)]：
```

文字编辑中常用标注符号的输入法：单击 **A** 按钮出现如图 3-8 所示的界面，再单击 按钮出现各标注符号的输入法。一般标注符号输入法如表 3-11 所示。

图 3-8　"文字格式"界面

表 3-11　一般标注符号输入法

菜　单	输入法	菜　单	输入法
"度数"(D)	%%d	"初始长度"	\U+E200
"正/负"(p)	%%p	"界碑线"	\U+E102
"直径"(I)	%%c	"不相等"	\U+2260
"几乎相等"	\U+2248	"欧姆"	\U+2126
"角度"	\U+2220	"欧米加"	\U+03A9
"边界线"	\U+E100	"地界线"	\U+214A
"中心线"	\U+2104	"下标 2"	\U+2082
"差值"	\U+0394	"平方"	\U+00B2
"电相角"	\U+0278	"立方"	\U+00B3
"流线"	\U+E101	"不间断空格"	Ctrl+Shift+Space
"恒等于"	\U+2261		

3.4　平面图形绘制实训

3.4.1　平面图形绘制实训一

实训一平面图形如图 3-9 所示。

作图步骤：

（1）建立相应的图层和样式等。

（2）根据所给的尺寸画出中心线，如图 3-10 所示。

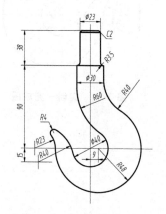

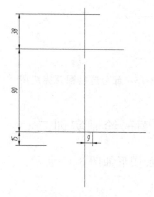

图 3-9　平面图形绘制实训一　　　　　　图 3-10　中心线图

（3）根据所给的定型尺寸画出已知线段，如图 3-11 所示。

（4）在相应的位置作出各个所需圆完成已知圆弧和中间圆弧，如图 3-12 所示。

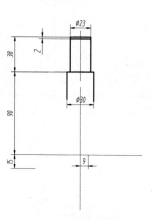

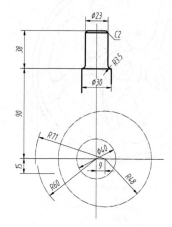

图 3-11　已知线段图　　　　　　图 3-12　已知圆弧、中间圆弧图

（5）对需要倒角倒圆的部分进行处理，完成连接圆弧，如图 3-13 所示。

（6）对 R40 和 R23 的圆进行倒 R4 圆角处理，完成最后的连接圆弧后删除多余的线段，如图 3-14 所示。

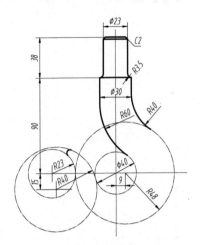

图 3-13　部分连接圆弧完成图

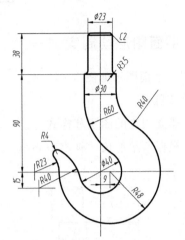

图 3-14　实训一完成图

3.4.2　平面图形绘制实训二

实训二平面图形如图 3-15 所示。

作图步骤：

（1）建立相应的图层和样式等。

（2）根据所给的尺寸画出中心线和辅助圆弧等，如图 3-16 所示。

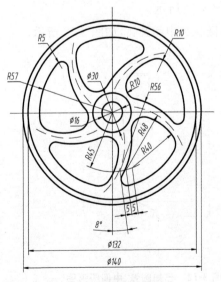

图 3-15　平面图形实训二

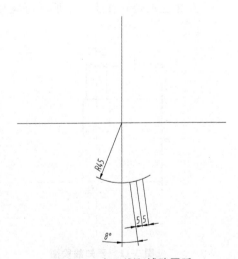

图 3-16　中心线和辅助圆弧

（3）观察所给图形，可以发现该图可以先作出其中一个扇形图，再运用阵列命令实现作图。先作出 $R45$ 的圆，过该圆圆心作一条直线与圆边相交，再把直线偏移 5mm，两次一共得到与圆相交的三个交点。再分别以三交点为圆心作出相应的圆，另外作出 $R57$ 的圆，完成已知圆弧，如图 3-17 所示。

（4）将 $R56$ 的圆旋转 $-72°$，得到如图 3-18 所示的图形。

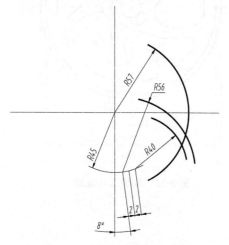

图 3-17 扇形主要部分初始图

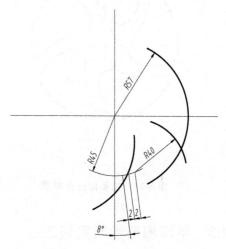

图 3-18 扇形初始形成图

（5）作相应的倒圆角，完成连接圆弧，如图 3-19 所示。

（6）删除多余线段，然后进行阵列命令，如图 3-20 所示。

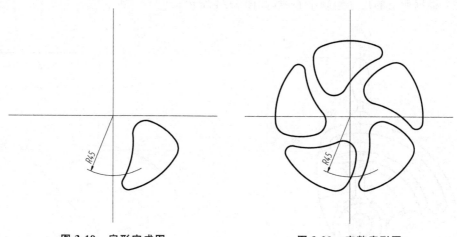

图 3-19 扇形完成图　　　　　　　图 3-20 完整扇形图

（7）在图示位置作 $R48$ 的圆弧然后进行阵列命令，如图 3-21 所示。

（8）作 $\phi16$、$\phi30$、$\phi132$ 和 $\phi140$ 的圆并完成标注，如图 3-22 所示。

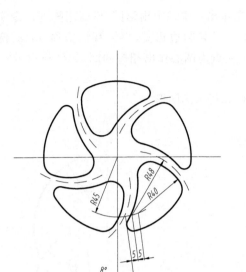

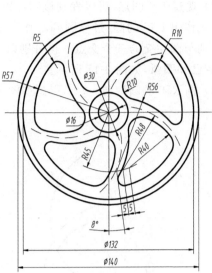

图 3-21　主要部分完成图　　　　　　　　图 3-22　实训二完成图

3.4.3　平面图形绘制实训三

实训三平面图形如图 3-23 所示。

作图步骤：

（1）建立相应的图层和样式等。

（2）根据所给的尺寸绘制中心线，如图 3-24 所示。

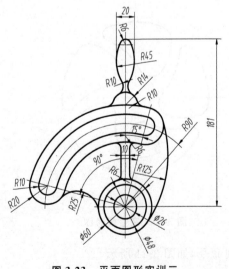

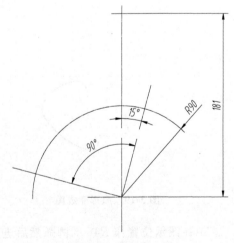

图 3-23　平面图形实训三　　　　　　　　　图 3-24　绘制中心线

（3）在相应的位置作出 R30、φ26、φ48、R10 和 R20 的圆，然后利用圆弧工具作出相应的 4 段圆弧，完成部分已知圆弧并删除多余线段，如图 3-25 所示。

（4）在相应位置作出如图 3-26 所示的圆，并作出距离为 10 的两条直线。

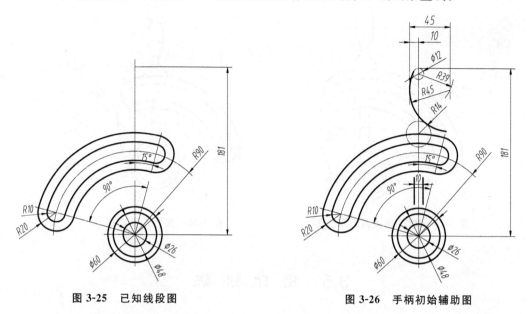

图 3-25　已知线段图　　　　　　　　　　　图 3-26　手柄初始辅助图

（5）利用倒圆角命令对需要部分进行倒圆处理并删除多余线段，完成部分中间圆弧和连接圆弧，如图 3-27 所示。

（6）手柄部分是一个对称图形，所以进行镜像处理即可得到图形，如图 3-28 所示。

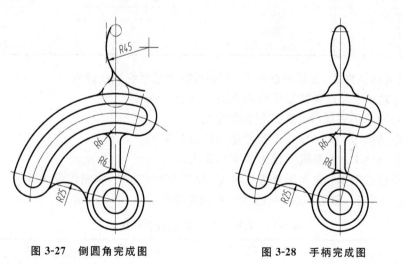

图 3-27　倒圆角完成图　　　　　　　　　图 3-28　手柄完成图

（7）由观察可知，R125 的圆弧与 R20 和 R30 的圆内切，所以利用内切原理作图方法完成连接圆弧，如图 3-29 所示。

（8）完成各标注并删除多余线段即可，如图 3-30 所示。

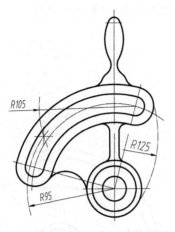

图 3-29　**R125** 连接圆弧完成图

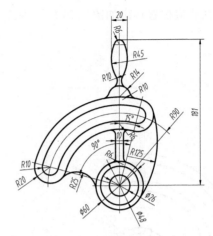

图 3-30　实训三完成图

3.5　强化训练

（1）设置 A3 图幅（420mm×297mm），填写标题栏信息。设置 3 种文字样式，具体如表 3-12 所示。

表 3-12　标题栏的字体、高度和宽度因子

名　　称	字　体	高　　度	宽度因子
汉字 35	仿宋	3.5	0.7
汉字 50	仿宋	5.0	0.7
数字 35	gbeitc.shx	3.5	0.7

（2）设置标注样式，参数调整如下，其余参数使用系统默认设置。

① 线选项卡：起点偏移量设为 0，超出尺寸线设为 2。

② 符号和箭头选项卡：箭头大小设为 2.5。

③ 文字选项卡：文字样式设为上述创建的数字 35。

④ 调整选项卡：调整选项设为文字与箭头。

⑤ 主单位选项卡：根据需要进行设定，如果没有小数位，将精度设为 0。

（3）设置图层。新建图层、颜色、线型、线宽要求如表 3-13 所示。

表 3-13　新建图层的颜色、线型和线宽

名　　称	颜　　色	线　　型	线　　宽
1 轮廓实线层	白	Continuous	0.50
2 细线层	青	Continuous	0.25
3 中心线层	红	CENTER2	0.25
4 虚线层	洋红	DASHED2	0.25
5 剖面线层	黄	Continuous	0.25
6 标注层	青	Continuous	0.25
7 文字层	绿	Continuous	0.25

（4）根据要求完成如图 3-31～图 3-43 所示平面图形，将所作图形布置在 A3 图幅内，文件名采用姓名＋学号。

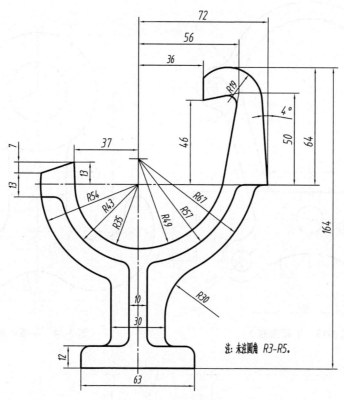

图 3-31　平面图形 1

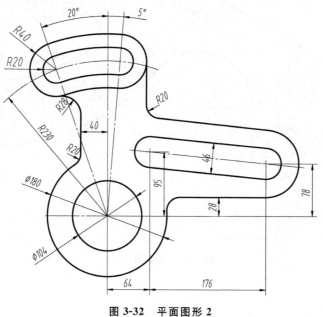

图 3-32　平面图形 2

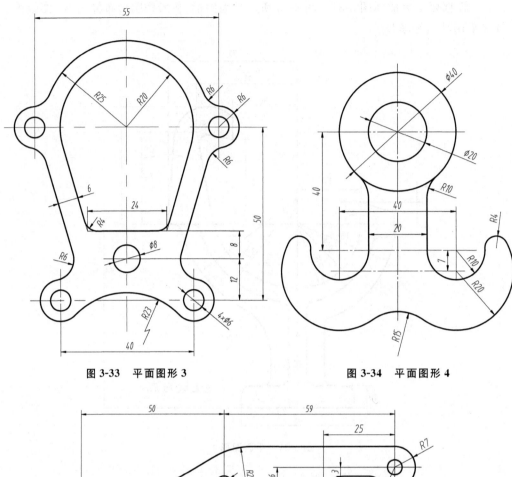

图 3-33　平面图形 3

图 3-34　平面图形 4

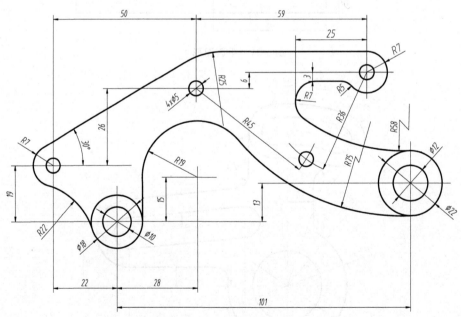

图 3-35　平面图形 5

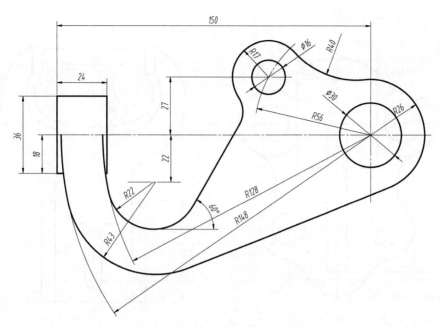

图 3-36 平面图形 6

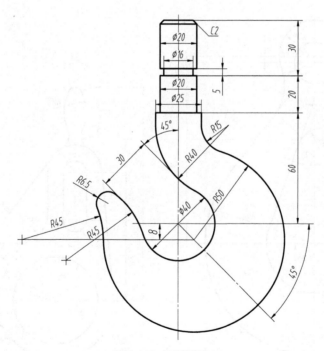

图 3-37 平面图形 7

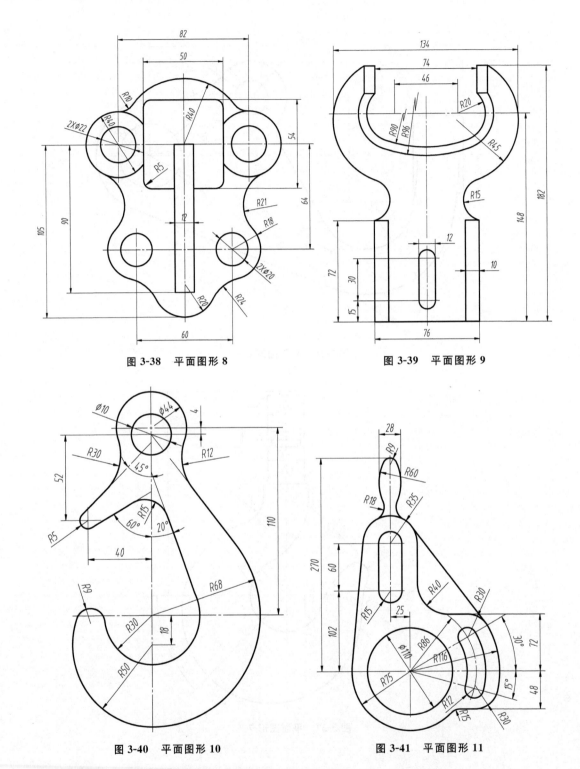

图 3-38　平面图形 8

图 3-39　平面图形 9

图 3-40　平面图形 10

图 3-41　平面图形 11

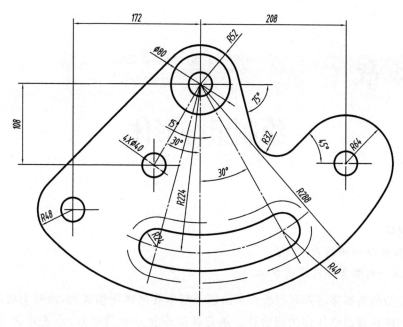

图 3-42 平面图形 12

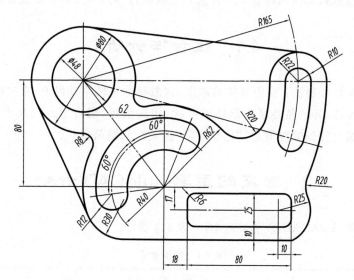

图 3-43 平面图形 13

第 4 章

绘制组合形体

本章目标
- 掌握组合体的结构分析。
- 掌握绘制组合体的作图步骤。

任何复杂的机械零件都可以看成是由若干基本几何体所组成的,由两个或两个以上的基本几何体构成的物体称为组合体。组合体的形状虽有简有繁、千差万别,但对其组合方式来说,有叠加、切割和综合 3 种方法。绘制组合体是学习零件图及装配图的基础。

4.1 组合体分析

通常采用形体分析法:在组合体的画图、读图和标注尺寸过程中,通常假想将其分解成若干个基本形体,弄清楚各基本形体的形状、相对位置、组合形式以及表面连接关系,从而形成整个组合体的完整概念,"化整为零"使复杂问题简单化。

4.2 涉及的主要 AutoCAD 命令

涉及的主要 AutoCAD 命令如表 4-1～表 4-3 所示。

表 4-1　绘图命令

绘图命令	直　线	矩　形	圆	圆　弧
按键图标				

表 4-2　编辑命令

编辑命令	删除	移动	复制	镜像	延伸	裁剪	打断
按键图标							

表 4-3 标注命令

编辑命令	线性标注	半径标注	直径标注
按键图标	⊢⊣	⊙	⊘

4.3 组合体实训

4.3.1 组合体实训一

实训一组合体如图 4-1 所示。

1. 制图准备及样式设置

本章节制图准备及样式参考第 2 章。

2. 作图分析

在画图之前,首先对组合体进行形体分析,将其分解成几个组成部分,明确各基本形体的形状、组合形式、相对位置以及表面连接关系,以便对组合体的整体形状有个总体概念,为画图作准备。

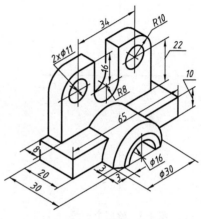

图 4-1 组合体 1

如图 4-2 所示的组合体(图 4-2(a))由三个基本形体组成:底板是一个长方体(图 4-2(b));底板之上,靠后面的挡板由一个长方体叠

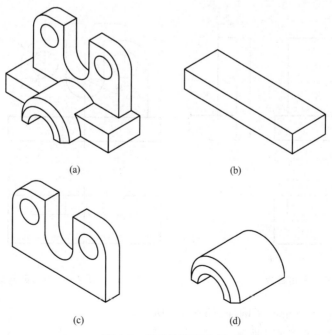

(a)   (b)

(c)   (d)

图 4-2 组合体形体分析

加而成，长方体中间被一个长方形和半圆弧切割，两侧各开了一个圆柱孔，如图 4-2(c)所示；底板中心还有一个空心半圆柱体，其纵切面与底面平行，如图 4-2(d)所示。

3. 作图步骤

(1) 画出中心线，如图 4-3 所示。

(2) 按尺寸画出底板，图 4-4 所示。

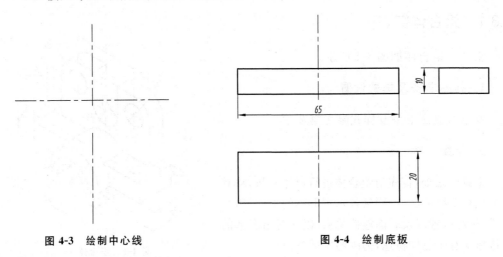

图 4-3　绘制中心线　　　　　　　　　　图 4-4　绘制底板

(3) 画出挡板，如图 4-5 所示。

(4) 画出倒角和圆孔，如图 4-6 所示。

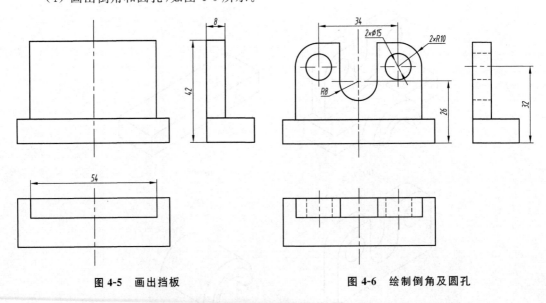

图 4-5　画出挡板　　　　　　　　　　图 4-6　绘制倒角及圆孔

(5) 画出底板上的空心半圆柱，如图 4-7 所示。

(6) 尺寸标注，如图 4-8 所示。

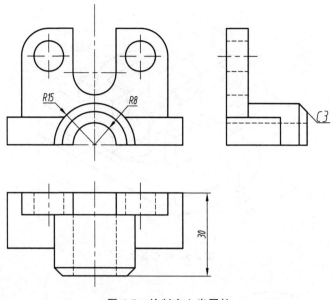

图 4-7 绘制空心半圆柱

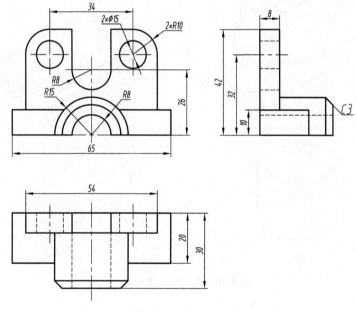

图 4-8 标注尺寸

4.3.2 组合体实训二

实训二组合体如图 4-9 所示。

1. 作图分析

如图 4-10(a)所示的组合体由图 4-10(b)~图 4-10(d)三个基本形体组成。

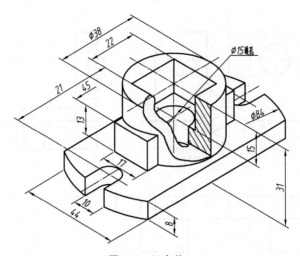

图 4-9　组合体 2

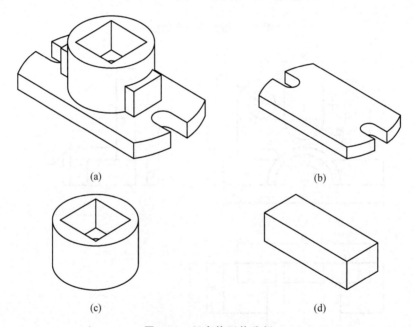

(a)　　　　　　　　　　　　　　(b)

(c)　　　　　　　　　　　　　　(d)

图 4-10　组合体形体分析

2. 作图步骤

（1）绘制中心线，如图 4-11 所示。

（2）先按尺寸绘制圆板，如图 4-12 所示。

（3）圆柱被两条距离为 44mm 的平行线切割，如图 4-13 所示。

（4）按尺寸绘制一字形孔，如图 4-14 所示。

（5）按尺寸绘制底板上的长方体，如图 4-15 所示。

（6）按尺寸绘制底板上的圆柱，如图 4-16 所示。

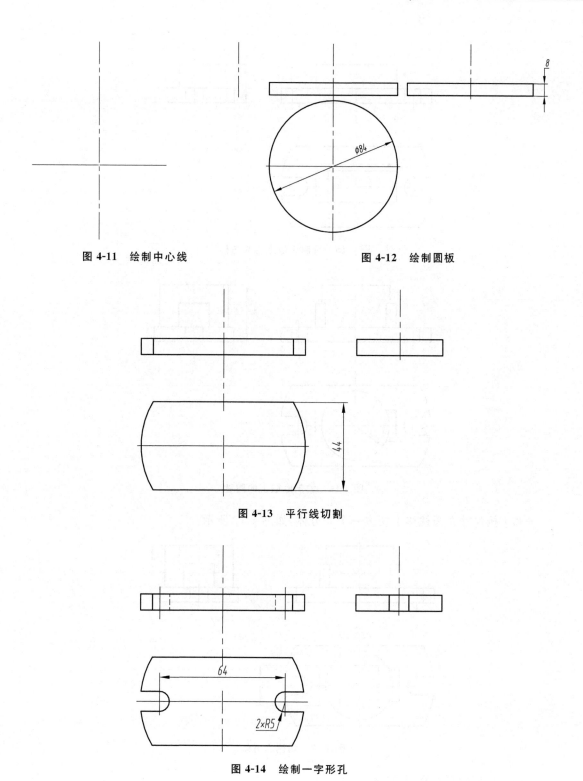

图 4-11　绘制中心线　　　　　　　图 4-12　绘制圆板

图 4-13　平行线切割

图 4-14　绘制一字形孔

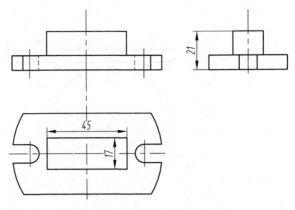

图 4-15 绘制底板上的长方体

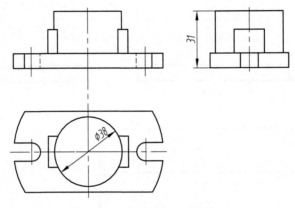

图 4-16 绘制底板上的圆柱

（7）按尺寸在圆柱体上切去一个立方体，如图 4-17 所示。

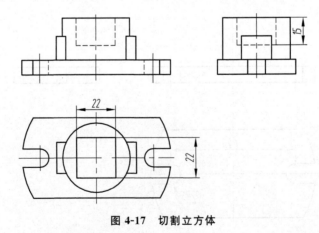

图 4-17 切割立方体

（8）绘制通孔的圆，如图 4-18 所示。

（9）尺寸标注，如图 4-19 所示。

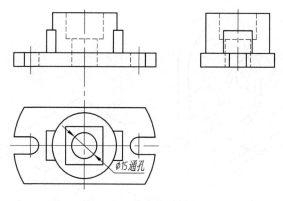

图 4-18　绘制通孔的圆

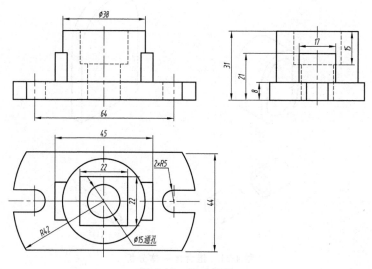

图 4-19　尺寸标注

4.3.3　组合体实训三

实训三组合体如图 4-20 所示。

1. 作图分析

如图 4-21(a)所示的组合体由图 4-21(b)～
图 4-21(f) 5 个基本形体组成。

2. 作图步骤

（1）绘制中心线，如图 4-22 所示。

（2）绘制底板，如图 4-23 所示。

（3）切割底板，如图 4-24 所示。

（4）绘制挡板，如图 4-25 所示。

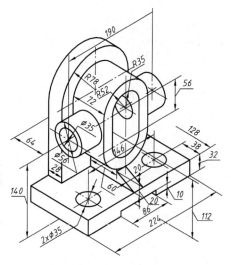

图 4-20　组合体 3

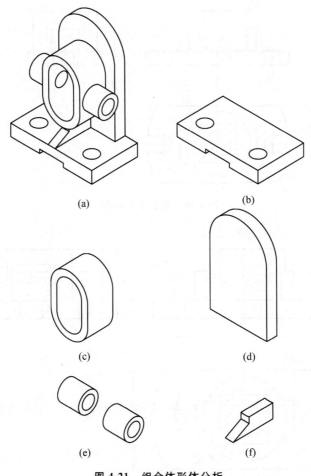

(a)

(b)

(c)

(d)

(e)

(f)

图 4-21　组合体形体分析

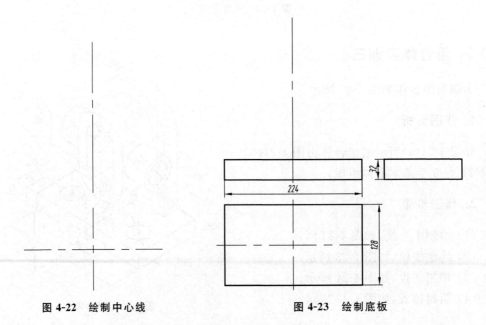

图 4-22　绘制中心线

图 4-23　绘制底板

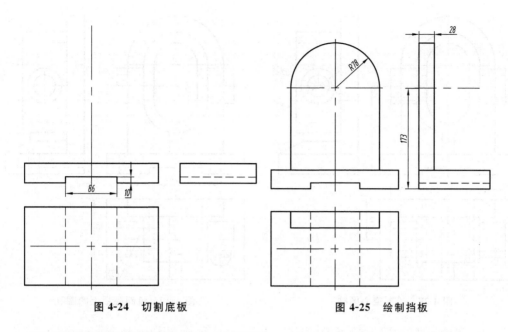

图 4-24 切割底板

图 4-25 绘制挡板

（5）在挡板上绘制空心体，如图 4-26 所示。

（6）在底板和空心体之间绘制肋板，如图 4-27 所示。

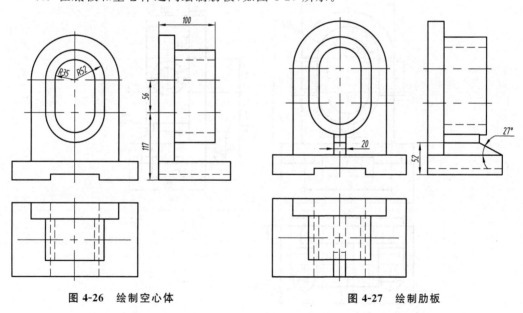

图 4-26 绘制空心体

图 4-27 绘制肋板

（7）在空心体两侧绘制空心圆柱，如图 4-28 所示。

（8）绘制底板上的圆孔，如图 4-29 所示。

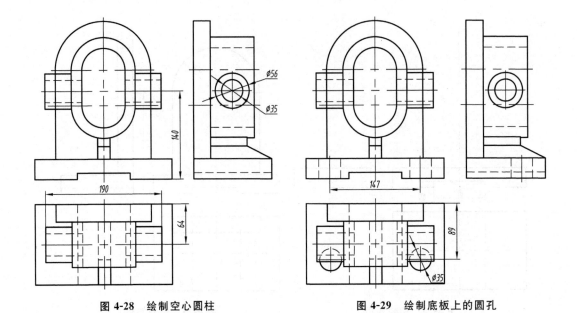

图 4-28　绘制空心圆柱　　　　　　　图 4-29　绘制底板上的圆孔

（9）尺寸标注，如图 4-30 所示。

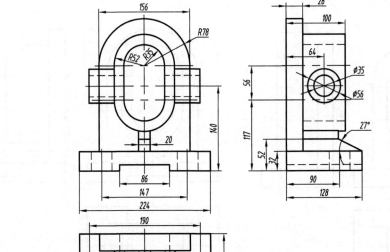

图 4-30　尺寸标注

4.4　强　化　训　练

（1）设置 A3 图幅（420mm×297mm），填写标题栏信息。设置 3 种文字样式，具体如表 4-4 所示。

表 4-4　标题栏字体、高度和宽度因子

名　　称	字　　体	高　　度	宽度因子
汉字 35	仿宋	3.5	0.7
汉字 50	仿宋	5.0	0.7
数字 35	gbeitc.shx	3.5	0.7

（2）设置标注样式，参数调整如下，其余参数使用系统默认设置。

① 线选项卡：起点偏移量设为 0，超出尺寸线设为 2。

② 符号和箭头选项卡：箭头大小设为 2.5。

③ 文字选项卡：文字样式设为上述创建的数字 35。

④ 调整选项卡：调整选项设为文字与箭头。

⑤ 主单位选项卡：根据需要进行设定，如果没有小数位，将精度设为 0。

（3）设置图层。新建图层、颜色、线型、线宽要求如表 4-5 所示。

表 4-5　各图层的颜色、线型和线宽

名　　称	颜　　色	线　　型	线　　宽
1 轮廓实线层	白	Continuous	0.50
2 细线层	青	Continuous	0.25
3 中心线层	红	CENTER2	0.25
4 虚线层	洋红	DASHED2	0.25
5 剖面线层	黄	Continuous	0.25
6 标注层	青	Continuous	0.25
7 文字层	绿	Continuous	0.25

（4）根据要求完成如图 4-31～图 4-39 所示的组合体，将所作视图布置在 A3 图幅内，文件名采用姓名+学号。

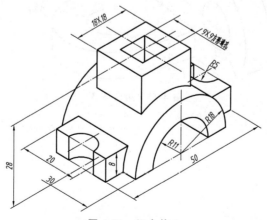

图 4-31　组合体 1

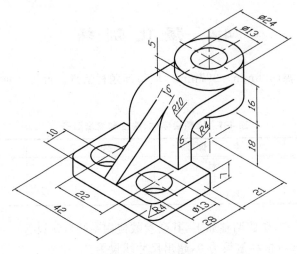

图 4-32　组合体 2

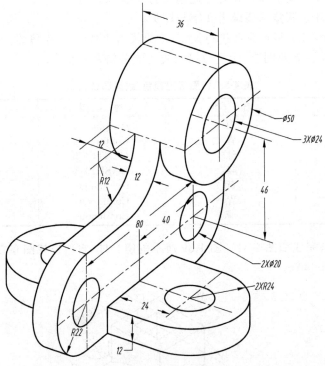

图 4-33　组合体 3

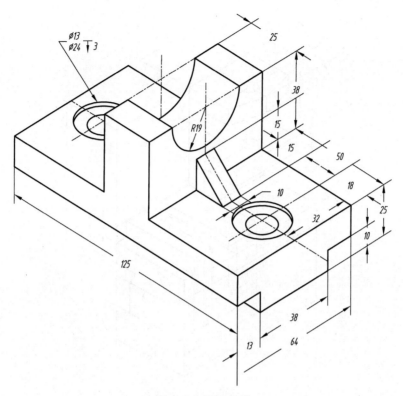

图 4-34   组合体 4

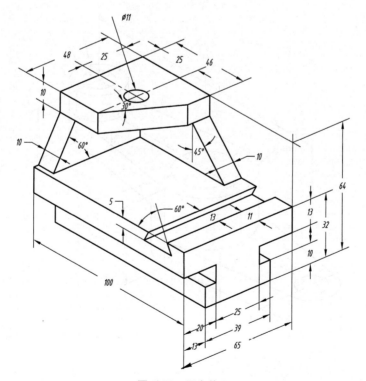

图 4-35   组合体 5

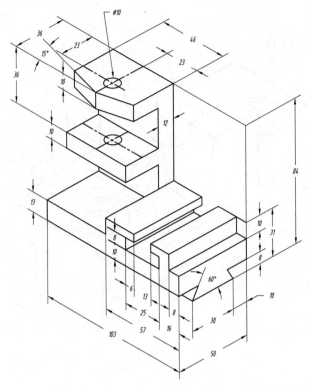

图 4-36　组合体 6

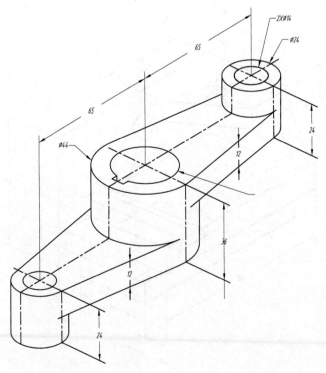

图 4-37　组合体 7

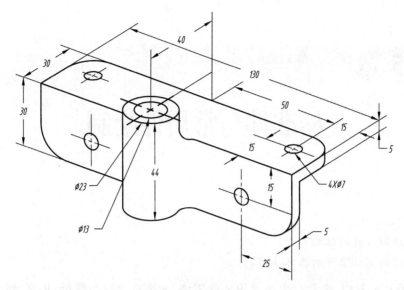

图 4-38 组合体 8

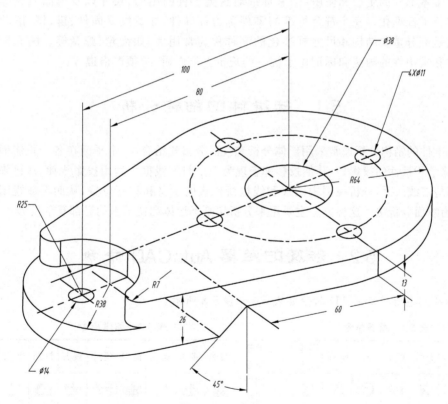

图 4-39 组合体 9

第 5 章

chapter 5

标准件与常用件绘制

本章目标

- 掌握标准件的结构分析。
- 掌握绘制标准件的基本步骤。

在机器和设备中,经常会大量使用一些零件,如螺钉、螺栓、螺母、垫圈、键、齿轮等。为了便于零部件的生产和使用,国家标准对这类零件的结构、尺寸以及成品质量等各方面都实行了标准化。完全符合标准的零件称为标准件,如螺纹紧固件、键、销、滚动轴承等。只是部分重要结构和尺寸标准化的零件称为常用件,如齿轮、弹簧等。国家标准对标准件和常用件的画法和标记做了统一的规定。绘图时,必须严格遵守。

5.1 标准件的结构分析

标准件的结构分析通常采用形体分析和线面分析相结合,一个平面在各个投影面上的投影,除了积聚性的投影外,其他投影都表现为一个封闭线框。运用投影规律,从已知视图的线框与图线入手,分析视图中图线和线框所代表的意义和相互位置,从而看懂视图的方法,称为线面分析法。这种方法主要用来分析切割类形体和视图中的局部复杂投影。

5.2 涉及的主要 AutoCAD 命令

涉及的主要 AutoCAD 命令如表 5-1～表 5-3 所示。

表 5-1 绘图命令

绘图命令	直线	矩形	圆	圆弧	图案填充
按键图标	╱	▱	◉	╱	▨

表 5-2 编辑命令

编辑命令	删除	移动	复制	镜像	延伸	裁剪	打断	倒角	圆角
按键图标	╱	✥	⊶	◭	⊣	⊹	▭	◸	◠

表 5-3 标注命令

编辑命令	线性标注	半径标注	直径标注
按键图标	⊢	◎	⌀

5.3 标准件与常用件实训

5.3.1 实训一——V 形带轮

V 形带轮如图 5-1 所示。

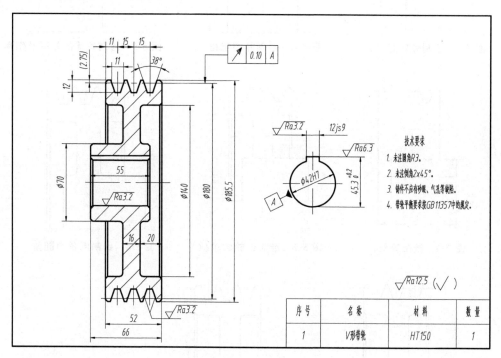

图 5-1 V 形带轮

本章节制图准备及样式参考第 2 章,该标准件关于中心对称,可以采用镜像命令快速作图。

作图步骤:

(1)绘制中心线,如图 5-2 所示。

(2)按尺寸绘制 V 形带轮的外轮廓,如图 5-3 所示。

(3)按尺寸绘制 V 形带的轮槽定位,如图 5-4 所示。

(4)按尺寸绘制 V 形带轮槽的外形及倒角,如图 5-5 所示。

(5)绘制轮毂,如图 5-6 所示。

(6)绘制带轮的辐板,如图 5-7 所示。

图 5-2 绘制中心线

(7)根据技术要求绘制倒角和圆角,如图 5-8 所示。

(8)采用镜像命令,绘制出对称的另一半,如图 5-9 所示。

(9)按尺寸绘制中心通孔和键槽,如图 5-10 所示。

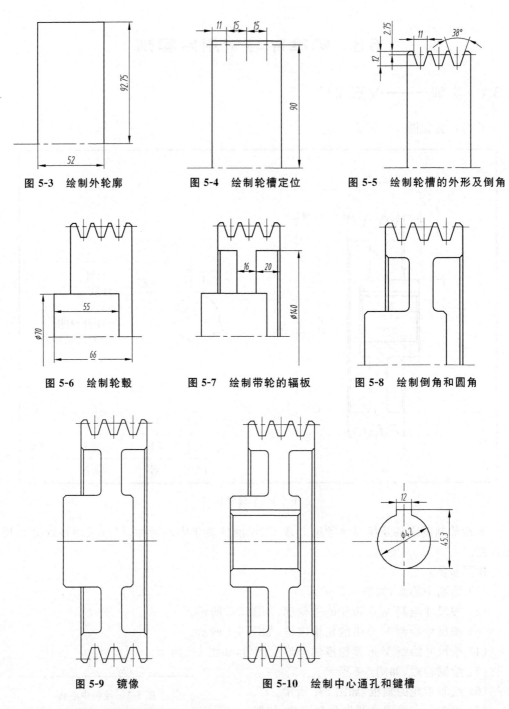

图 5-3　绘制外轮廓　　　　图 5-4　绘制轮槽定位　　　　图 5-5　绘制轮槽的外形及倒角

图 5-6　绘制轮毂　　　　图 5-7　绘制带轮的辐板　　　　图 5-8　绘制倒角和圆角

图 5-9　镜像　　　　　　　图 5-10　绘制中心通孔和键槽

（10）绘制剖面线，如图 5-11 所示。

（11）尺寸标注如图 5-12 所示。

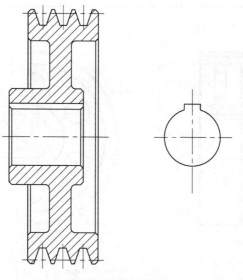

图 5-11 绘制剖面线

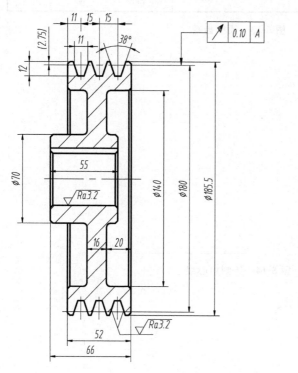

图 5-12 尺寸标注

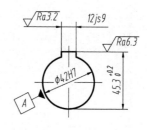

5.3.2 实训二——圆柱齿轮

圆柱齿轮如图 5-13 所示。

圆柱齿轮关于中心对称,可以采用镜像命令快速作图。

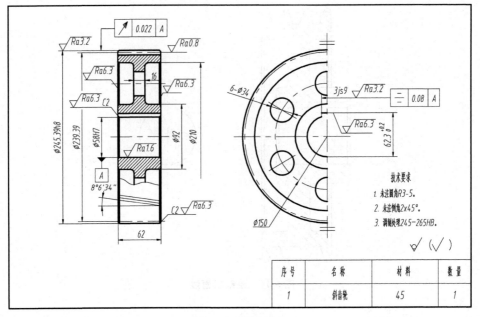

图 5-13　圆柱齿轮

作图步骤：

（1）绘制中心线，如图 5-14 所示。

图 5-14　绘制中心线

（2）绘制外轮廓，如图 5-15 所示。

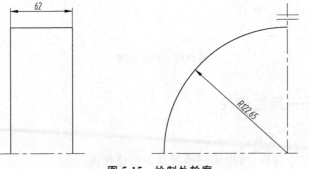

图 5-15　绘制外轮廓

（3）按尺寸绘制辐板和通孔，如图 5-16 所示。

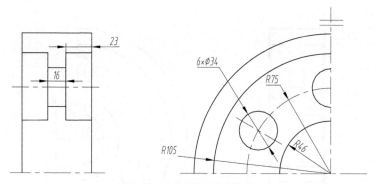

图 5-16 绘制辐板和通孔

（4）按技术要求绘制倒角和圆孔，如图 5-17 所示。

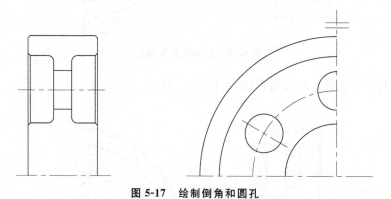

图 5-17 绘制倒角和圆孔

（5）采用镜像命令绘制对称的另一半，如图 5-18 所示。

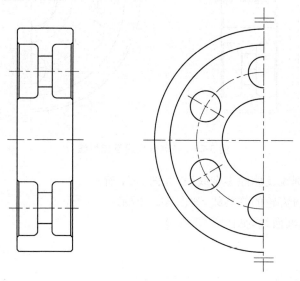

图 5-18 镜像

（6）绘制通孔及键槽，如图 5-19 所示。

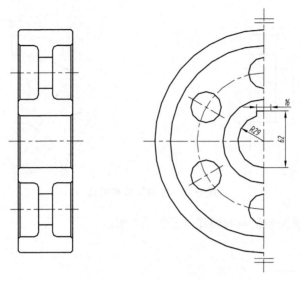

图 5-19   绘制通孔及键槽

（7）按尺寸绘制分度圆及齿根线，如图 5-20 所示。

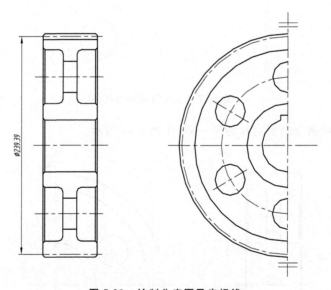

图 5-20   绘制分度圆及齿根线

（8）绘制局部剖线及删除多余线段，如图 5-21 所示。

（9）绘制标志斜齿轮的螺旋线，如图 5-22 所示。

（10）填充图案剖面线，如图 5-23 所示。

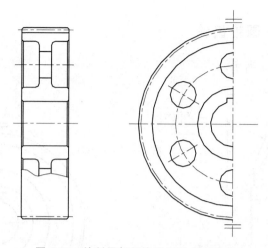

图 5-21 绘制局部剖线及删除多余线段

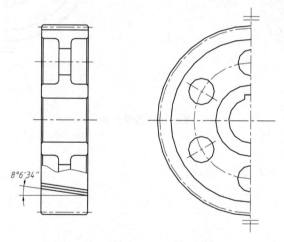

图 5-22 绘制标志斜齿轮的螺旋线

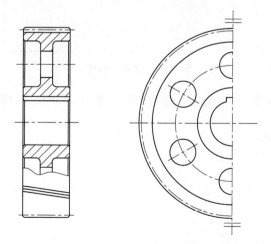

图 5-23 填充图案剖面线

5.3.3 实训三——圆锥齿轮

圆锥齿轮如图 5-24 所示。

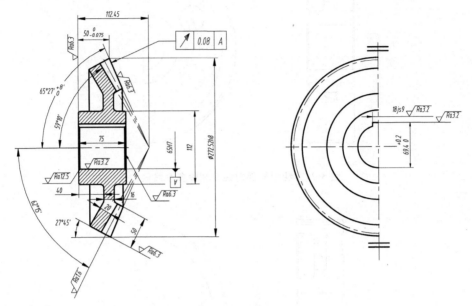

图 5-24 圆锥齿轮

作图步骤：

（1）绘制中心线，如图 5-25 所示。

图 5-25 绘制中心线

（2）绘制分度圆锥素线、根圆锥素线及顶圆锥素线，如图 5-26 所示。

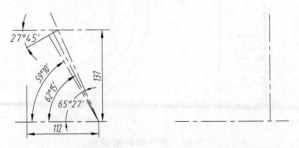

图 5-26 绘制分度圆锥素线、根圆锥素线及顶圆锥素线

（3）绘出齿宽，如图 5-27 所示。

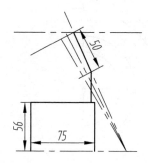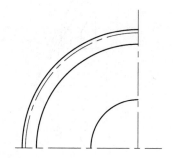

图 5-27　绘出齿宽

（4）根据背锥绘出齿形、辐板及轮毂，如图 5-28 所示。

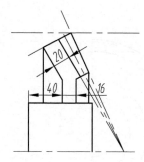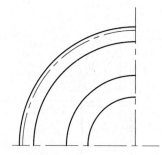

图 5-28　绘出齿形、辐板及轮毂

（5）倒角并去除多余的线，如图 5-29 所示。

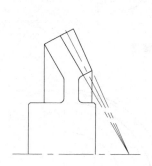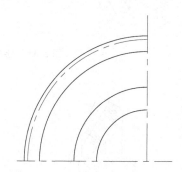

图 5-29　绘制倒角

（6）使用镜像命令，绘制出对称的另一半，如图 5-30 所示。

（7）绘制通孔及键槽，如图 5-31 所示。

（8）绘制剖面线，如图 5-32 所示。

（9）尺寸标注，如图 5-33 所示。

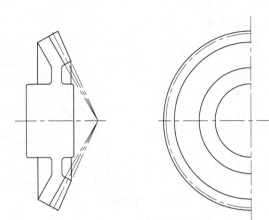

图 5-30　镜像

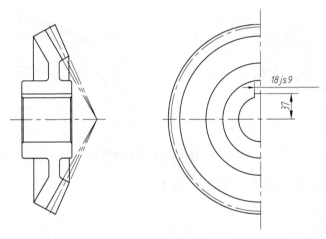

图 5-31　绘制通孔及键槽

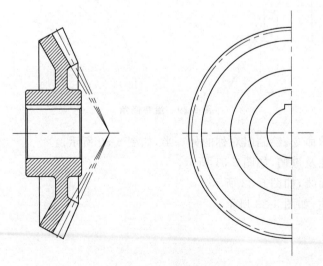

图 5-32　绘制剖面线

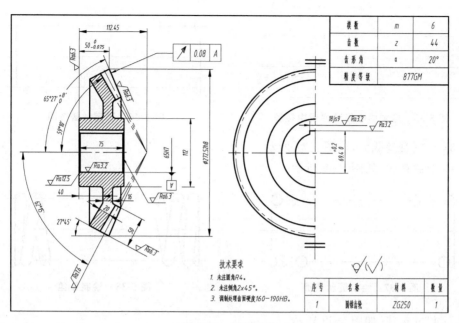

模数	m	6
齿数	z	44
齿形角	α	20°
精度等级		877GM

技术要求

1. 未注圆角R4。
2. 未注倒角2×45°。
3. 调制处理齿面硬度160—190HB。

序 号	名 称	材 料	数 量
1	圆锥齿轮	ZG250	1

图 5-33　尺寸标注

5.3.4　实训四——弹簧

弹簧如图 5-34 所示。

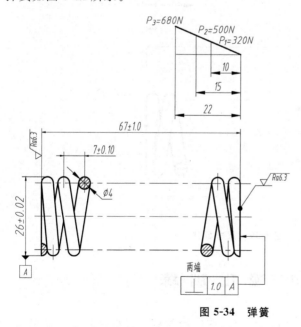

技术要求

1. 有效圈数7.5±0.25。
2. 总圈数9.5±0.25
3. 工作极限应力730N/mm²。
4. 淬火后中温回火，硬度为HRC45—50。
5. 表面发蓝处理。
6. 展开长度为775。

图 5-34　弹簧

作图步骤：

（1）绘制中心线及弹簧中径线，如图 5-35 所示。

（2）确定弹簧节距，如图 5-36 所示。

图 5-35　绘制中心线和弹簧中径线

图 5-36　确定弹簧节距

（3）绘制簧丝截面，如图 5-37 所示。

（4）绘制簧丝，如图 5-38 所示。

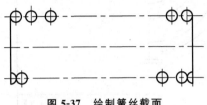

图 5-37　绘制簧丝截面

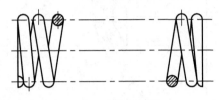

图 5-38　绘制簧丝

（5）尺寸标注，如图 5-39 所示。

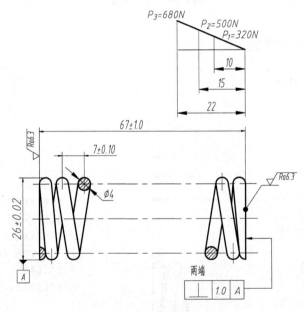

图 5-39　尺寸标注

5.4　强化训练

（1）设置 A3 图幅（420mm×297mm），填写标题栏信息。设置 3 种文字样式，具体如表 5-4 所示。

（2）设置标注样式，参数调整如下，其余参数使用系统默认设置。

① 线选项卡：起点偏移量设为 0，超出尺寸线设为 2。

表 5-4　标题栏字体、高度和宽度因子

名　　称	字　　体	高　　度	宽度因子
汉字 35	仿宋	3.5	0.7
汉字 50	仿宋	5.0	0.7
数字 35	gbeitc.shx	3.5	0.7

② 符号和箭头选项卡：箭头大小设为 2.5。

③ 文字选项卡：文字样式设为上述创建的数字 35。

④ 调整选项卡：调整选项设为文字与箭头。

⑤ 主单位选项卡：根据需要进行设定，如果没有小数位，将精度设为 0。

（3）设置图层。新建图层、颜色、线型、线宽要求如表 5-5 所示。

表 5-5　新建图层的名称、颜色、线型和线宽

名　　称	颜　　色	线　　型	线　　宽
1 轮廓实线层	白	Continuous	0.50
2 细线层	青	Continuous	0.25
3 中心线层	红	CENTER2	0.25
4 虚线层	洋红	DASHED2	0.25
5 剖面线层	黄	Continuous	0.25
6 标注层	青	Continuous	0.25
7 文字层	绿	Continuous	0.25

（4）根据要求完成如图 5-40～图 5-54 所示的标准件和常用件，将所作视图布置在 A3 图幅内，文件名采用姓名＋学号。

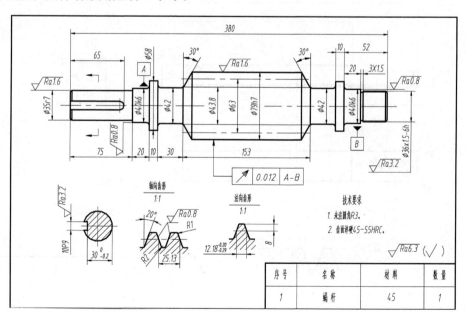

图 5-40　蜗杆

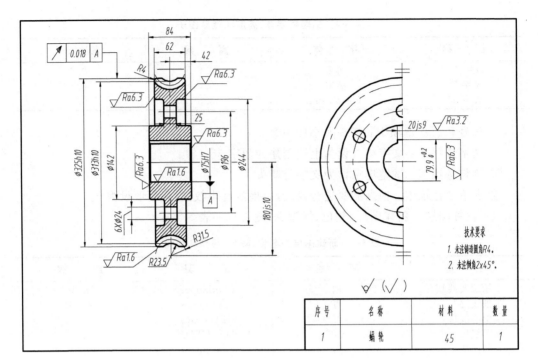

图 5-41　蜗轮

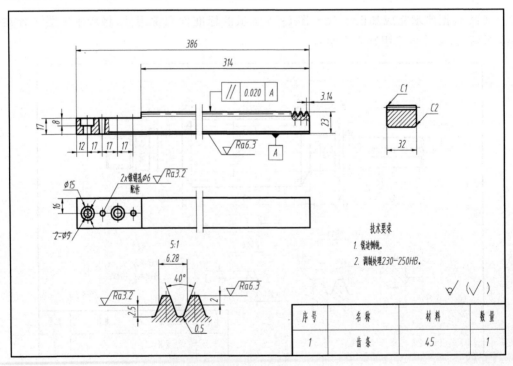

图 5-42　齿条

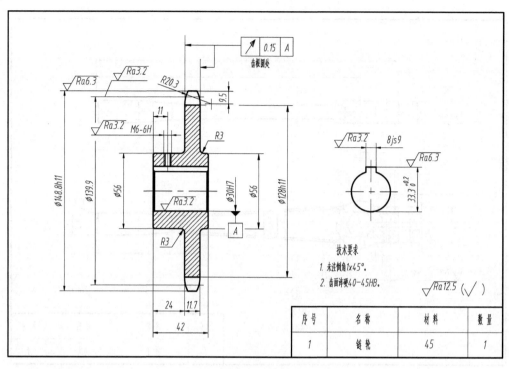

图 5-43　链轮

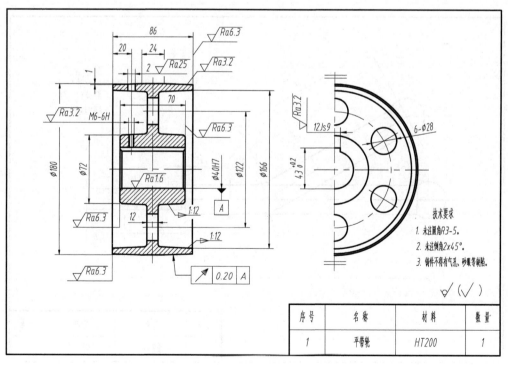

图 5-44　平带轮

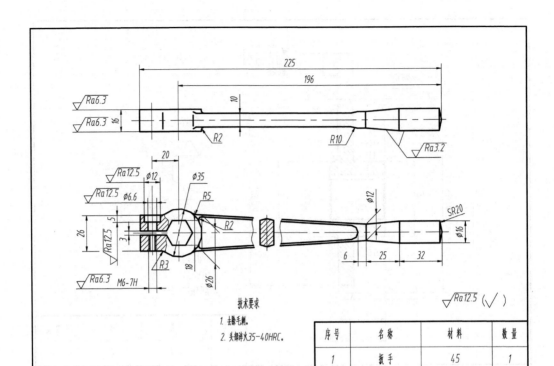

图 5-45　扳手

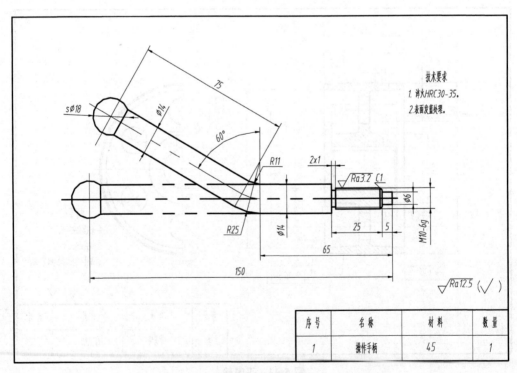

图 5-46　操作手柄

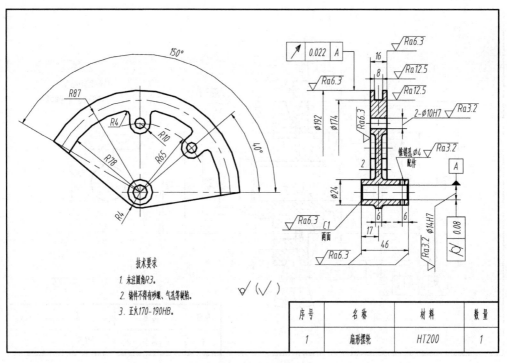

图 5-47　扇形摆轮

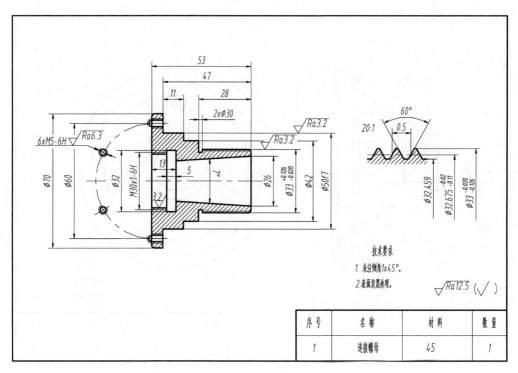

图 5-48　连接螺母

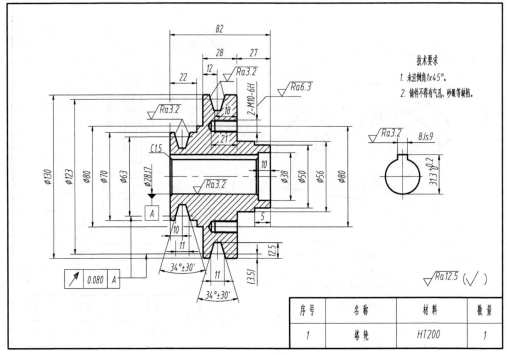

图 5-49 塔轮

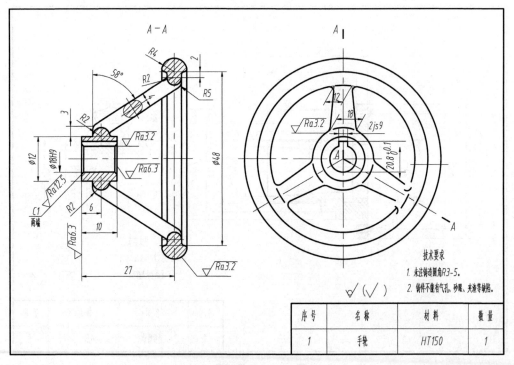

图 5-50 手轮

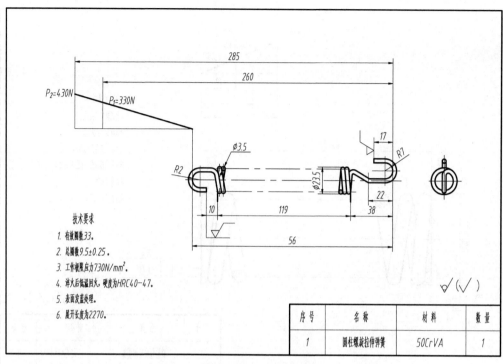

技术要求

1. 有效圈数33。

2. 总圈数9.5±0.25。

3. 工作极限应力730N/mm²。

4. 淬火后低温回火，硬度为HRC40-47。

5. 表面发蓝处理。

6. 展开长度为2270。

序号	名 称	材 料	数 量
1	圆柱螺旋拉伸弹簧	50CrVA	1

图 5-51 圆柱螺旋拉伸弹簧

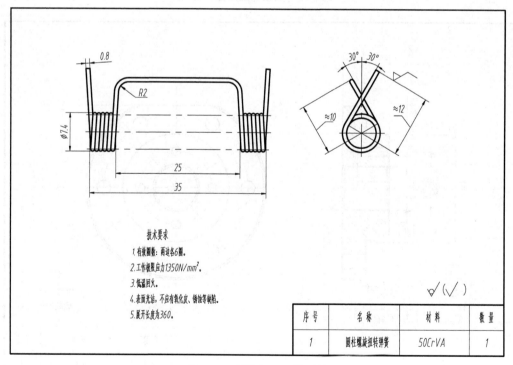

技术要求

1. 有效圈数：两边各6圈。

2. 工作极限应力1350N/mm²。

3. 低温回火。

4. 表面光洁，不应有氧化皮、锈蚀等缺陷。

5. 展开长度为360。

序号	名 称	材 料	数 量
1	圆柱螺旋扭转弹簧	50CrVA	1

图 5-52 圆柱螺旋扭转弹簧

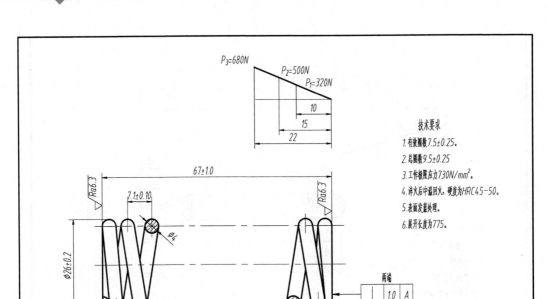

图 5-53　圆柱螺旋压缩弹簧

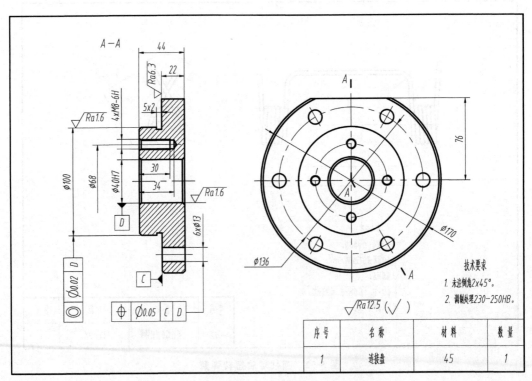

图 5-54　连接盘

第6章

chapter 6

零件图绘制

本章目标
- 掌握零件图的结构分析。
- 掌握绘制零件图的基本步骤。

零件是组成机器或部件不可再拆分的基本单元。零件图是零件生产加工的重要技术文件及检验依据,工程技术人员需要熟练掌握绘制和阅读零件图。零件图主要包括零件的结构形状、尺寸大小和技术要求等。

6.1 零件图分析

零件结构形状是零件图表达的重要内容之一。清晰、合理、完整和准确地表达零件结构形状是零件视图表达的基本原则。零件表达通常采用形体分析法:假想将组合体分解为若干个基本体,根据每个基本体的形状、基本体之间的组合方式及相对位置,分析它们的表面过渡关系及投影特性,从而得到组合体整体结构的分析方法。其过程是将相对复杂、生疏的几何结构转化为熟悉的简单的基本的结构。

6.2 涉及的主要 AutoCAD 命令

涉及的主要 AutoCAD 命令如表 6-1～表 6-3 所示。

表 6-1 绘图命令

绘图命令	直 线	矩 形	圆	圆 弧
按键图标				

表 6-2 编辑命令

编辑命令	删除	移动	复制	镜像	延伸	裁剪	打断
按键图标							

表 6-3　标注命令

编辑命令	线性标注	半径标注	直径标注
按键图标	⊢	⊘	⊘

6.3　零件图绘制实训

6.3.1　实训一——轴套零件

轴套零件如图 6-1 所示。

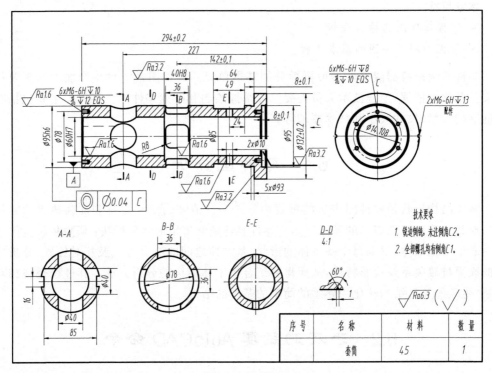

图 6-1　轴套零件图

如图 6-1 所示，零件的主体部分是同轴回转体，主要是在车床、磨床上加工。常有轴肩、键槽、螺纹、退刀槽、砂轮越程槽、圆角、倒角、中心孔、销孔、挡圈槽等结构，套类零件是中空的。

通过上述分析，主视图按加工位置将轴线横放，垂直于轴线的方向作为主视图的投射方向，一般只用一个视图；对轴上的孔、键槽等结构，用局部剖视图或断面图表示；对砂轮越程槽、退刀槽、圆角等细小结构用局部放大图表示，如图 6-1 所示。

作图步骤：

（1）建立相应图层和样式等。

（2）根据所给的尺寸绘制中心线，如图 6-2 所示。

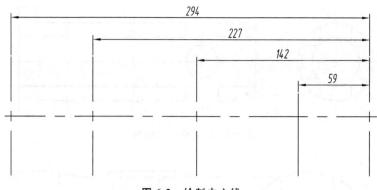

图 6-2 绘制中心线

（3）根据所给的定型尺寸绘制全剖后的整体外形，如图 6-3 所示。

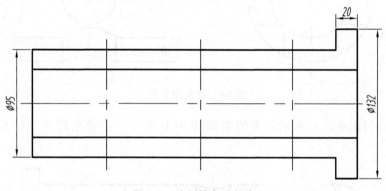

图 6-3 绘制轴套外轮廓

（4）绘制螺纹孔，如图 6-4 所示。

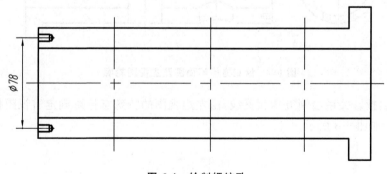

图 6-4 绘制螺纹孔

（5）绘制零件左边通孔的局部剖视图，再根据局部剖视图绘制通孔的相贯线，如图 6-5 所示。

（6）绘制相贯线。根据剖视图确定投影点的对应关系，然后用三点圆弧绘制相贯线，并镜像得出下面的相贯线，如图 6-6 所示。

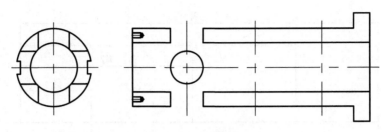

图 6-5　绘制局部剖视图

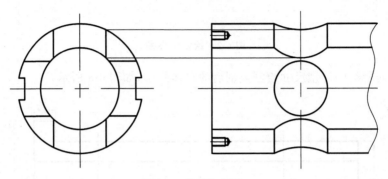

图 6-6　绘制相贯线

（7）先绘制图 6-7(a)所示的方槽断面，再根据图 6-7(a)画出图 6-7(b)所示的大致轮廓。

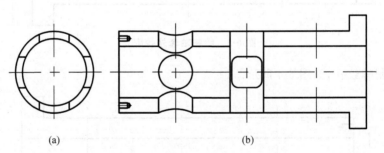

　　　　　　(a)　　　　　　　　　　　　　(b)

图 6-7　绘制方槽断面图及主视图轮廓

（8）根据投影关系绘制方槽相贯线，由左边视图的特殊点投影确定右视图投影，连线并倒角处理，如图 6-8 所示。

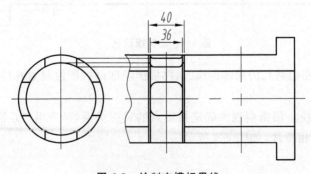

图 6-8　绘制方槽相贯线

（9）删除多余的线段并使用镜像命令得到如图 6-9 所示的图形。

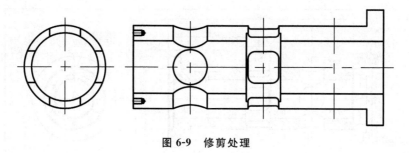

图 6-9　修剪处理

（10）画好主视图中的孔，根据图 6-10(b)绘制图 6-10(a)，并绘制 F 处的局部放大图。

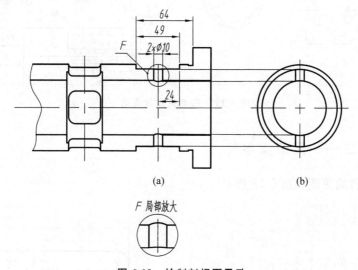

(a)　　　　　　　(b)

F 局部放大

图 6-10　绘制剖视图及孔

（11）使用阵列命令画出图 6-11(b)，再根据图 6-11(b)绘制图 6-11(a)。

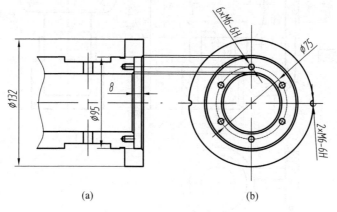

(a)　　　　　　　(b)

图 6-11　绘制套筒右视图

（12）绘制剖面线，并标注尺寸，如图6-12所示。

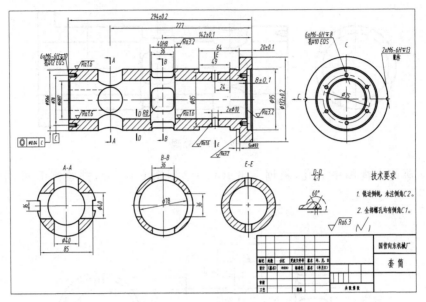

图6-12　套筒完成效果图

6.3.2　实训二——叉架类零件

叉架类零件效果图如图6-13所示。

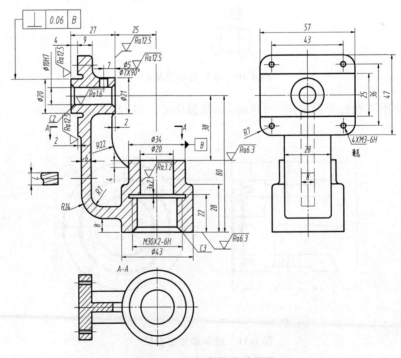

图6-13　叉架类零件效果图

作图步骤：

（1）建立相应图层和样式等。

（2）根据所给的尺寸绘制中心线，如图 6-14 所示。

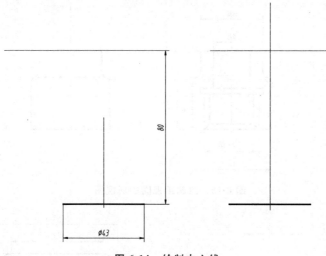

图 6-14　绘制中心线

（3）利用"偏移"指令根据所给的定型尺寸绘制轮廓图，如图 6-15 所示。

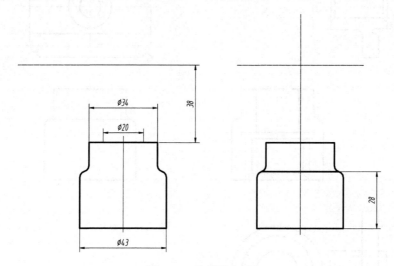

图 6-15　绘制轮廓图

注：图中的圆角可以倒也可以在作图最后才倒，此圆角 $R=2$。

（4）绘制正视图的剖视图，如图 6-16 所示。

（5）利用定位尺寸，在指定位置根据所给尺寸绘制上零件，如图 6-17 所示。

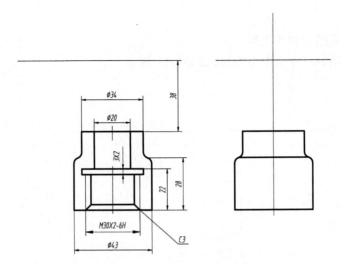

图 6-16　绘制正视图的剖视图

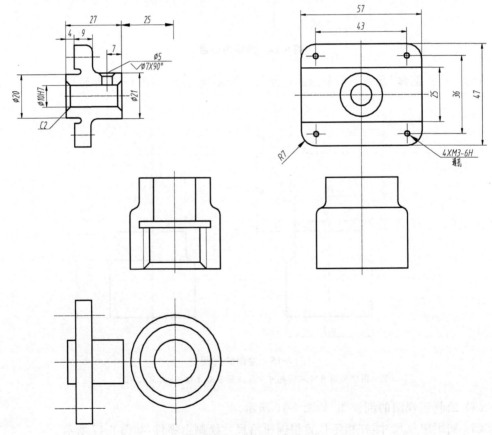

图 6-17　绘制上零件

（6）绘制肋板位置，如图 6-18 所示。

（7）绘制剖面线，如图 6-19 所示。

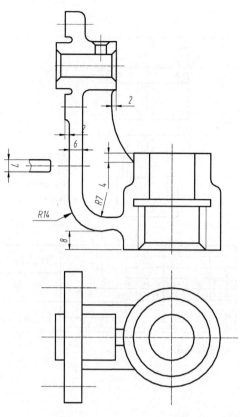
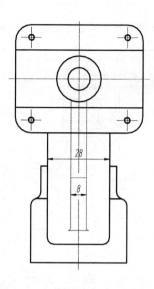

图 6-18 绘制肋板

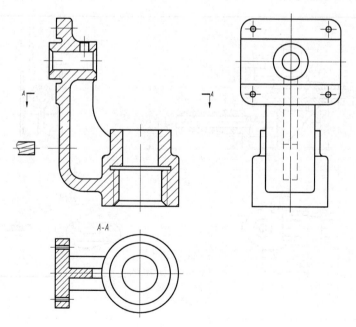

图 6-19 绘制剖面线

（8）标上尺寸后，如图 6-20 所示。

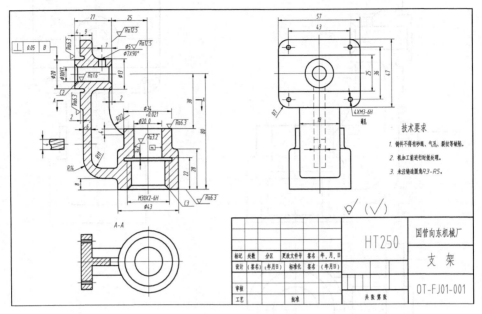

图 6-20　完成效果图

6.3.3　实训三——阀体类零件

阀体类零件效果图如图 6-21 所示。

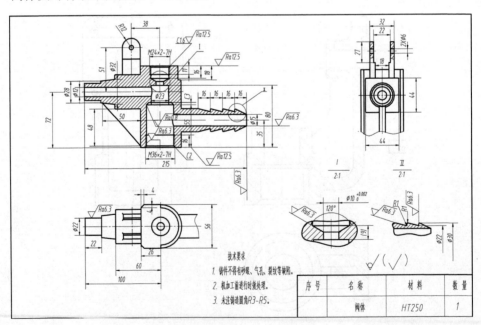

图 6-21　阀体类零件效果图

作图步骤：

（1）建立相应图层和样式等。

（2）先确定好中心线的位置，如图 6-22 所示。

（3）在确定好的中心线上利用已给的尺寸绘制图像轮廓，如图 6-23 所示。

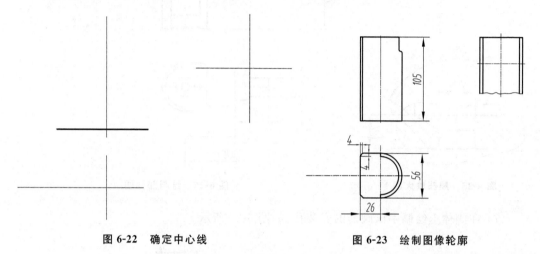

图 6-22　确定中心线　　　　　　　　图 6-23　绘制图像轮廓

（4）对正视图进行全剖处理，如图 6-24 所示。

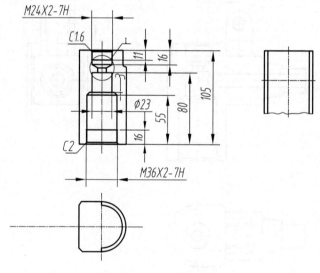

图 6-24　绘制正视图的全剖

（5）对于 I 进行局部放大，尺寸如图 6-25 所示。

（6）利用定位尺寸绘制零件左半部分，注意也是全剖，如图 6-26 所示。

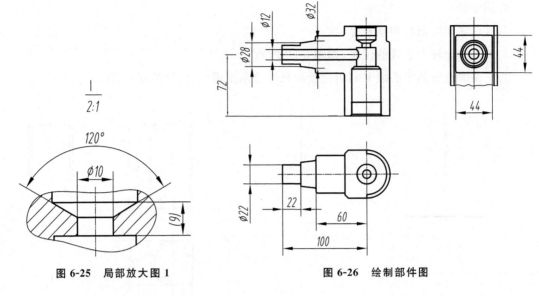

图 6-25　局部放大图 1　　　　　　　　　图 6-26　绘制部件图

（7）在阀体上绘制手压阀柄的安装孔，如图 6-27 所示。

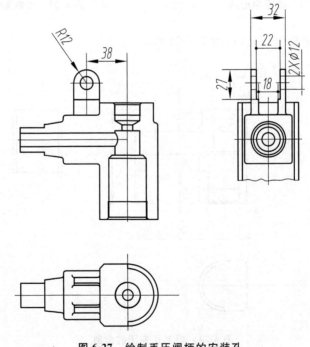

图 6-27　绘制手压阀柄的安装孔

（8）绘制阀体的右半部分，如图 6-28 所示。

（9）对于Ⅱ的局部放大，尺寸如图 6-29 所示。

（10）绘制剖面线，如图 6-30 所示。

（11）标注尺寸后，得到的效果图如图 6-31 所示。

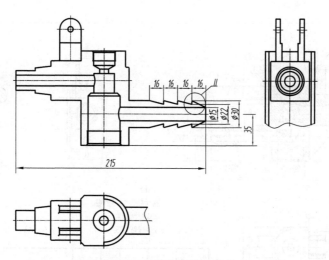

图 6-28　绘制阀体右半部分

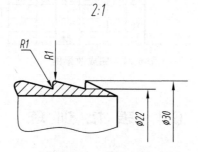

图 6-29　局部放大图 2

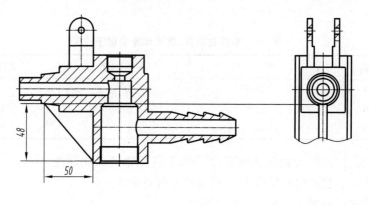

图 6-30　绘制剖面线

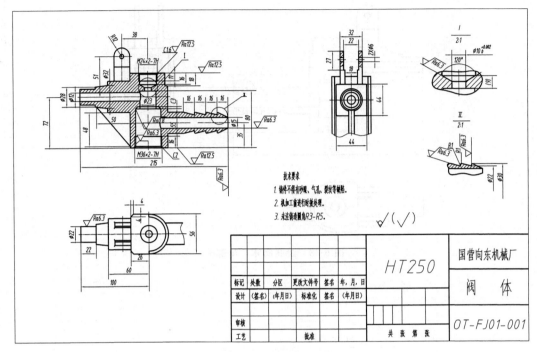

图 6-31　完成效果图

6.4　强 化 训 练

（1）设置 A3 图幅（420mm×297mm），填写标题栏信息。设置 3 种文字样式，具体如表 6-4 所示。

表 6-4　标题栏字体、高度和宽度因子

名　称	字　体	高　度	宽度因子
汉字 35	仿宋	3.5	0.7
汉字 50	仿宋	5.0	0.7
数字 35	gbeitc.shx	3.5	0.7

（2）设置标注样式，参数调整如下，其余参数使用系统默认设置。

① 线选项卡：起点偏移量设为 0，超出尺寸线设为 2。

② 符号和箭头选项卡：箭头大小设为 2.5。

③ 文字选项卡：文字样式设为上述创建的数字 35。

④ 调整选项卡：调整选项设为文字与箭头。

⑤ 主单位选项卡：根据需要进行设定，如果没有小数位，将精度设为 0。

（3）设置图层。新建图层、颜色、线型、线宽要求如表 6-5 所示。

表 6-5 新建图层的颜色、线型和线宽

名　称	颜　色	线　型	线　宽
1 轮廓实线层	白	Continuous	0.50
2 细线层	青	Continuous	0.25
3 中心线层	红	CENTER2	0.25
4 虚线层	洋红	DASHED2	0.25
5 剖面线层	黄	Continuous	0.25
6 标注层	青	Continuous	0.25
7 文字层	绿	Continuous	0.25

（4）根据要求完成如图 6-32～图 6-47 所示的零件图，将所作视图布置在 A3 图幅内，文件名采用姓名＋学号。

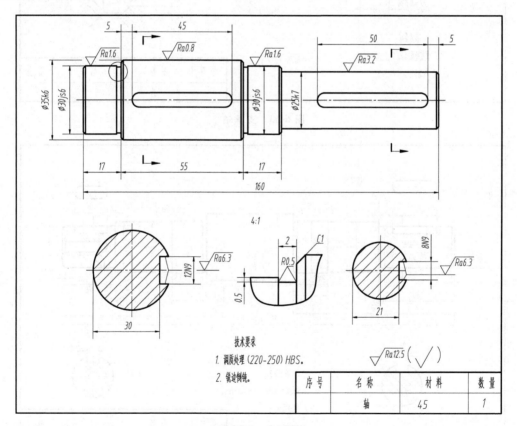

图 6-32 主动轴

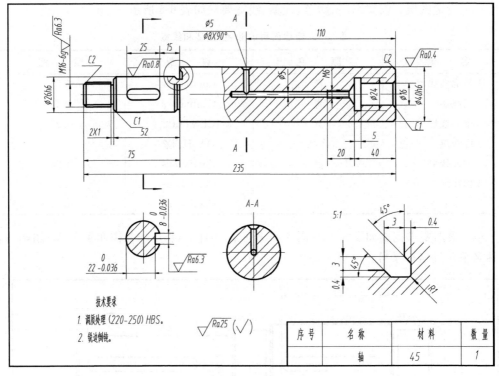

图 6-33　支承轴

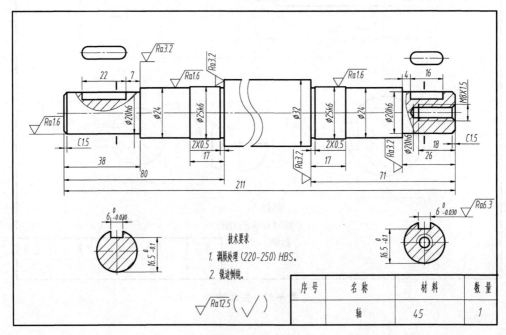

图 6-34　传动轴

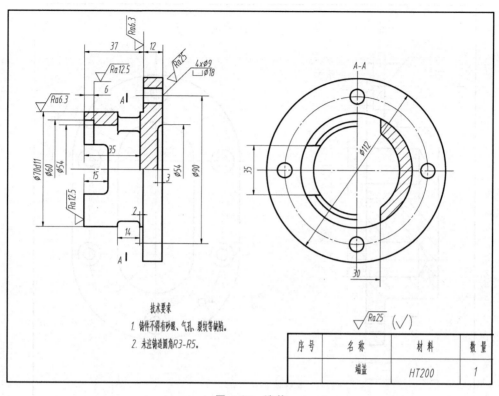

图 6-35 端盖

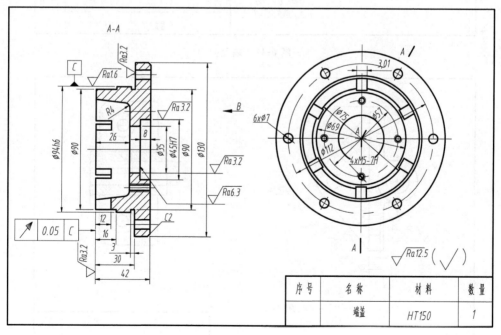

图 6-36 轴承盖

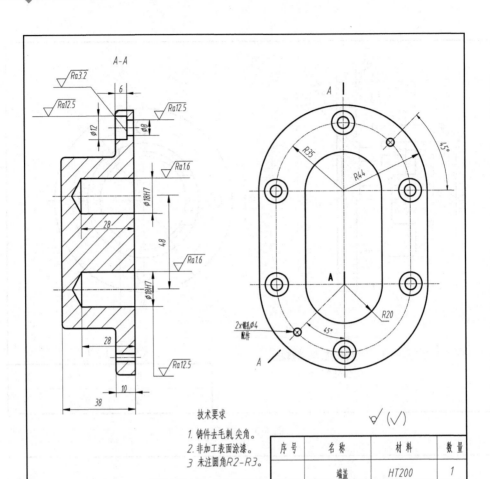

图 6-37　端盖

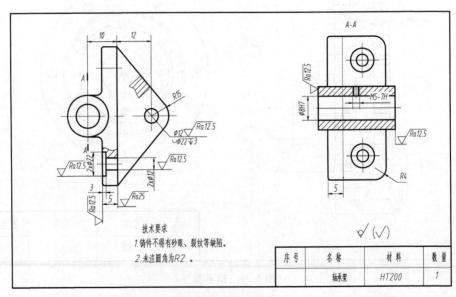

图 6-38　轴承架

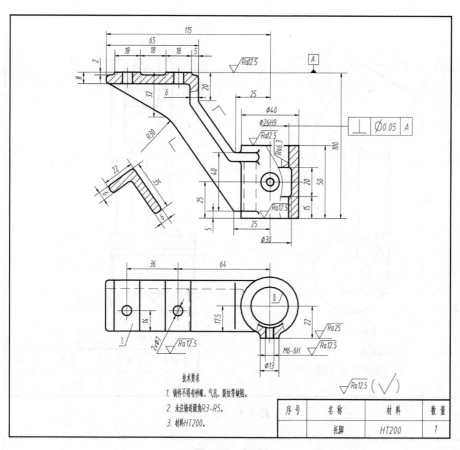

图 6-39　托脚

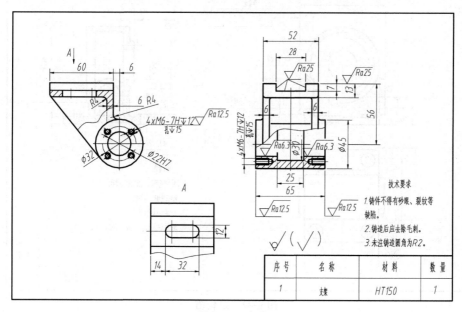

图 6-40　支座

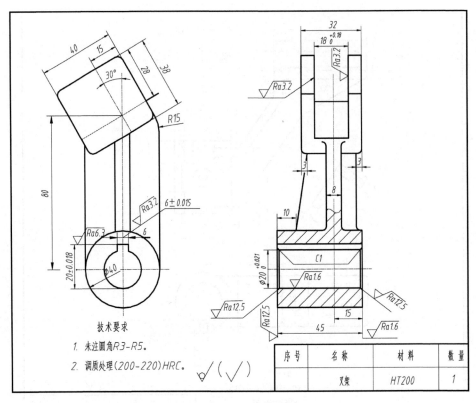

图 6-41　拨叉

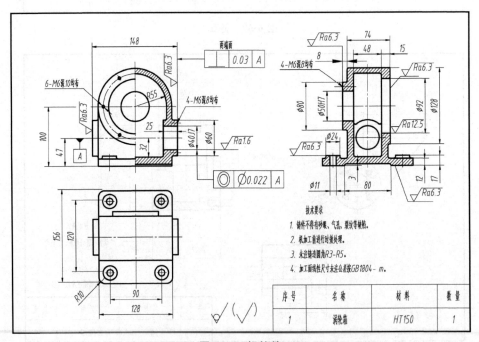

图 6-42　蜗轮箱

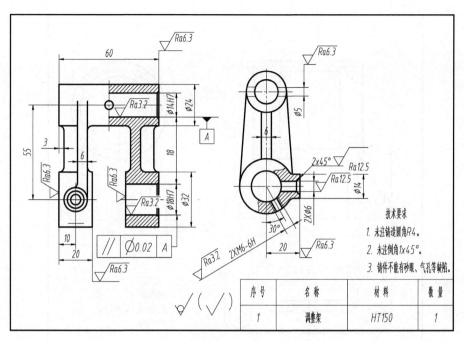

图 6-43 轴架

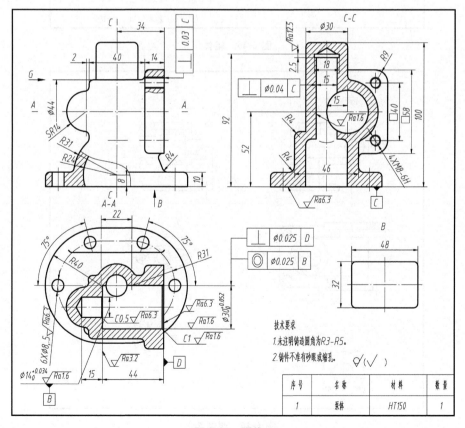

图 6-44 泵体 1

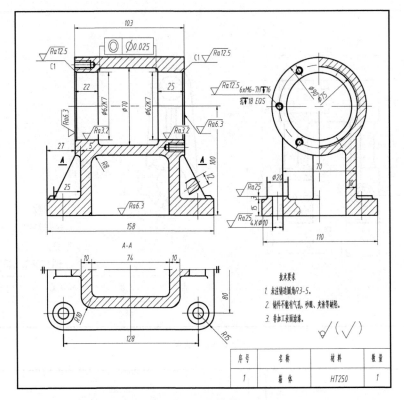

图 6-45　箱体

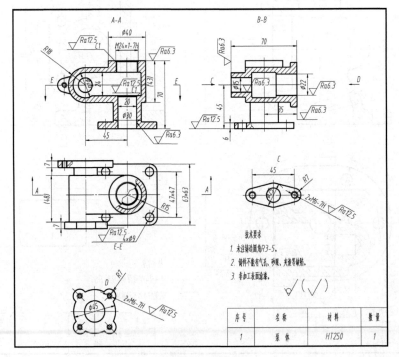

图 6-46　泵体 2

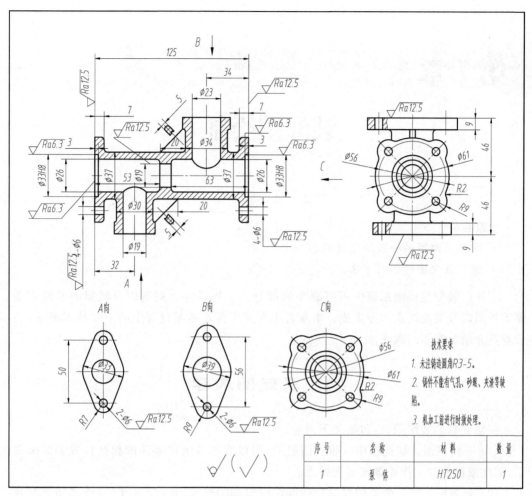

图 6-47 泵体 3

技术要求
1. 未注铸造圆角R3-5。
2. 铸件不能有气孔、砂眼、夹渣等缺陷。
3. 机加工前进行时效处理。

序号	名 称	材 料	数 量
1	泵 体	HT250	1

第 7 章

装配图绘制

本章目标

- 掌握装配图的一般绘制过程。
- 掌握装配图的绘制方法。

零件的装配是机械制造中不可缺少的部分。工程零件的制造以及机器的装配都需要零件图以及装配图来指导完成。本章首先介绍零件在装配过程中的一些技术要求,然后重点介绍装配图的画法。

7.1 装配图内容

一幅完整的装配图,应包括如下内容。

(1) 一组视图。装配图由一组视图组成,用以表达各组成零件的相互位置和装配关系、部件或机器的工作原理和结构特点。

(2) 必要的尺寸。必要的尺寸包括部件或机器的性能(规格)尺寸、零件之间的配合和尺寸、外形尺寸、部件或机器的安装尺寸和其他重要尺寸等。

(3) 技术要求。说明部件或机器的装配、安装、检验和运转的技术要求,一般用文字写出。

(4) 部件序号、明细栏和标题栏。在装配图中,应对每个不同的零部件编写序号,并在明细栏中依次填写序号、名称、件数、材料和备注等内容。标题栏与零件图中的标题栏相同。

7.2 装配图的特殊表达方法

1. 沿结合面剖切或拆卸画法

在装配图中,为了表达部件或机器的内部结构,可以采用沿结合面剖切画法,即假想沿某些零件的结合面剖切,此时,在零件的结合面上不画剖面线,而被剖切的零件一般都应画出剖面线。

在装配图中,为了表达被遮挡部分的装配关系或其他零件,可以采用拆卸画法,即假想拆去一个或几个零件,只画出所要表达部分的视图。

2. 假想画法

为了表达运动零件的极限位置,或与该部件有装配关系但又不属于该部件的其他相邻零件(或部件),可以用双点画线画出其轮廓。

3. 夸大画法

对于薄片零件、细丝弹簧、微小间隙等,若按它们的实际尺寸在装配图中很难画出或难以明显表达时,均可不按比例而采用夸大画法进行绘制。

4. 简化画法

在装配图中,零件的工艺结构,如圆角、倒角、退刀槽等可不画出。对于若干相同的零件组,如螺栓连接等,可详细地画出一组或几组,其余只需用点画线表达其装配位置即可。

7.3　装配图中的尺寸标注、零件编号和明细栏

7.3.1　装配图中的尺寸标注

在装配图中,尺寸按其作用的不同可分为性能(规格)尺寸、装配尺寸、安装尺寸、外形尺寸以及其他重要尺寸。这 5 类尺寸并不是完全孤立无关的,实际上有的尺寸往往同时具有多种作用。此外,一张装配图中有时也并不全部具备上述 5 类尺寸。因此,对装配图中的尺寸需要具体分析,然后进行标注。

1. 性能或规格尺寸

性能或规格尺寸表示机器或部件性能(规格)的尺寸,这些尺寸设计时就已经确定好,可作为设计、了解和选用机器的依据。

2. 装配尺寸

装配尺寸表示零件间的相对位置和配合关系的尺寸。其中,相对位置尺寸表示装配机器和拆画零件图时,需要保证相对位置的尺寸;配合尺寸表示两个零件之间配合一致的尺寸。

3. 安装尺寸

安装尺寸是指机器或部件安装在地基上,或与其他机器或部件相连接时所需要的尺寸。

4. 外形尺寸

外形尺寸表示机器或部件的总长、总宽和总高的尺寸。机器或部件包装、运输以及厂房设计或安装机器时，需要考虑装配体的外形尺寸。

5. 其他尺寸

除上述 4 种尺寸外，在设计或装配时需要保证的其他重要尺寸，这些尺寸在拆分绘制零件图时不能改变。

7.3.2 标题栏、序号和明细栏

为了便于读图，便于图样管理，以及做好生产准备工作，装配图中所有零部件都必须编写序号，且同一装配图中相同零部件只编写一个序号，并将其填写在标题栏上方的明细栏中。

标题栏注明机器或部件的名称、图号、比例及必要的签署等内容。序号用来对装配图中的每一种零（组）件按顺序编号。明细栏用来说明装配图中全部零（组）件的序号、代号、名称、材料、数量及备注等。

1. 序号及其编排方法

序号由指引线、小圆点（或箭头）和序号数字所组成，如图 7-1 所示。

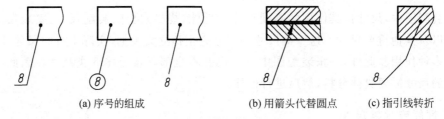

(a) 序号的组成　　　　　　(b) 用箭头代替圆点　(c) 指引线转折

图 7-1　序号的编号形式

（1）指引线应从零部件的可见轮廓线内用细实线引出，端部画一小圆点。对于很薄的零件或涂黑的剖面，可用箭头代替，箭头指在该零件的轮廓线上，如图 7-1(b) 所示。

（2）序号数字注写在指引线末端的横线上或圆圈内，也可以在指引线附近直接注写，如图 7-1(a) 所示，序号的字高应比尺寸数字大一号或两号。

（3）指引线不能相交，当通过剖面线区域时，不应与剖面线平行。必要时可转折一次，如图 7-1(c) 所示。

（4）对于一组紧固件以及装配关系清楚的零件组，允许采用公共指引线，如图 7-2 所示。

（5）相同的零件只编写一个序号，其数量填写在明细栏中。

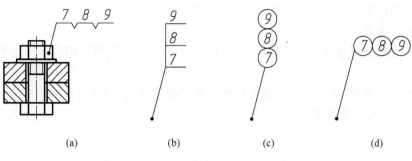

图 7-2 公共指引线的编注形式

（6）序号应按顺时针或逆时针方向顺序编号，沿水平或垂直方向整齐排列在一条直线上。

2. 明细栏

明细栏是装配图中全部零件的详细目录，其内容包括零件的序号、代号、名称、数量、材料和备注等。国家标准对明细栏的格式作了规定。

明细栏置于标题栏的上方，并与标题栏相连，序号自下而上按顺序填写，如图 7-3 所示。若位置受限制，可移一部分紧接标题栏左侧继续填写。明细栏的序号应与该零件的序号一致。

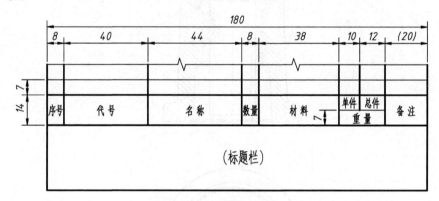

图 7-3 明细栏的格式与尺寸

7.4 装配图的一般绘制过程

装配图的绘制过程与零件图比较相似，但又具有自身的特点，下面简单介绍装配图的一般绘制过程。

（1）在绘制装配图之前，同样需要根据图纸幅面大小和版式的不同，分别建立符合机械制图国家标准的若干机械图样模板。模板中包括图纸幅面、图层、使用文字的一般样式和尺寸标注的一般样式等，绘制装配图时，就可以直接调用建立好的模板进行绘图，这样有利于提高工作效率。

（2）使用绘制装配图的绘制方法绘制完成装配图。

（3）对装配图进行尺寸标注。

（4）编写零部件序号。用快速引线标注命令 QLEADER 绘制编写序号的指引线及注写序号。

（5）绘制明细栏（也可以将明细栏的单元格创建为图块，用到时插入即可），填写标题栏及明细栏，注写技术要求。

（6）保存图形文件。

7.5　装配图实训

7.5.1　装配图实训一——千斤顶

千斤顶装配图如图 7-4 所示。

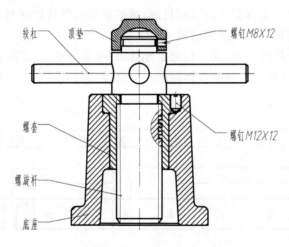

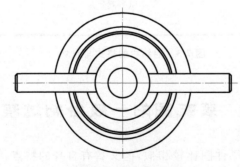

图 7-4　千斤顶装配图

首先对设备各部件作用作如下说明。

底座：主要是起工作压力的承受及对其他部件的支撑作用。

绞杠：带动螺旋杆旋转，顶起重物。

螺旋杆：由绞杠带动作上下运动，从而顶起重物。

螺套：与螺旋杆直接接触，磨损后便于更换。

顶垫：起保护螺旋杆的作用，磨损后便于更换。

螺钉：起定位作用。

千斤顶由底座、螺套、绞杠、螺旋杆、顶垫和两枚规格不同的螺钉装配而成。装配的过程是从底座开始，螺套嵌压到底座中，同时用螺钉固定以防止螺套和底座之间的相对运动。螺旋杆的球面形顶部套上一个顶垫，用螺钉连接，以防止顶垫脱落或随螺旋杆一起旋转。

作图步骤：

（1）绘制基准线，如图 7-5 所示。

（2）绘制底座，如图 7-6 所示。

（3）绘制螺套，并装入螺钉，如图 7-7 所示。

（4）装入螺旋杆，如图 7-8 所示。

图 7-5　绘制基准线

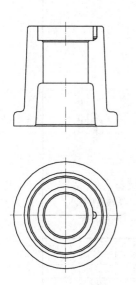

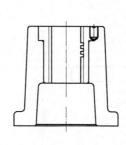

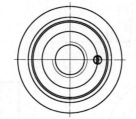

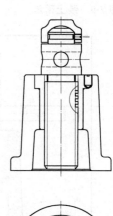

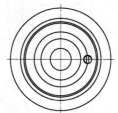

图 7-6　绘制底座　　**图 7-7　绘制螺套，并装入螺钉**　　**图 7-8　装入螺旋杆**

（5）装上顶垫，如图 7-9 所示。

（6）装上绞杠，如图 7-10 所示。

（7）绘制剖面线，如图 7-11 所示。

（8）标注零件号，输入技术要求并绘制明细栏，千斤顶效果图如图 7-12 所示。

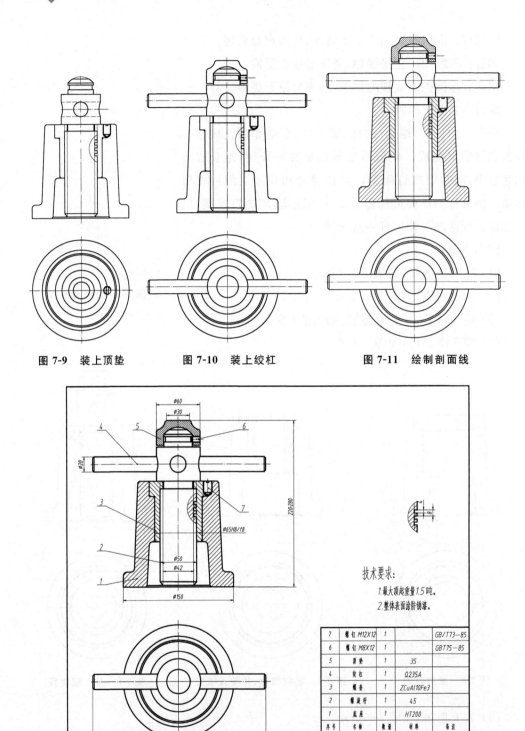

图 7-9　装上顶垫　　　图 7-10　装上绞杠　　　图 7-11　绘制剖面线

技术要求:

1.最大顶起重量1.5吨。
2.整体表面涂防锈漆。

7	螺钉 M12X12	1		GB/T73—85
6	螺钉 M8X12	1		GBT75—85
5	顶垫	1	35	
4	绞杠	1	Q235A	
3	螺套	1	ZCuAl10Fe3	
2	螺旋杆	1	45	
1	底座	1	HT200	
序号	名称	数量	材料	备注

千斤顶

国营向东机械厂

制图

审核

比例

重量

图 7-12　千斤顶效果图

7.5.2 装配图实训二——车床尾架

车床尾架装配图如图 7-13 所示。

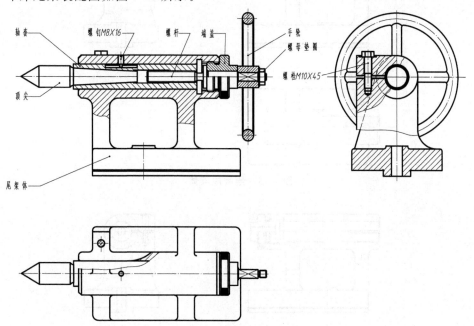

轴套 螺钉M8×16 螺杆 端盖 手轮 螺母垫圈 螺栓M10×45 顶尖 尾架体

图 7-13 车床尾架装配图

对车床尾架各部件作用作如下说明。

尾架体：主要起工作压力的承受及对其他部件的支撑作用。

轴套：固定顶尖,可以带动顶尖前后运动。

螺钉 M8×16：限制轴套运动长度,防止轴套滑出尾架体发生事故。

螺杆：通过旋转带动轴套。

端盖：限制各个零件。

手轮：带动螺旋杆旋转。

车床尾架由尾架体、顶尖、轴套、螺钉、螺杆、端盖、手轮、螺母、垫圈和螺栓组成。装配过程从尾架体开始,为便于定位,先装入端盖,再依次装入螺杆、轴套、顶尖,然后装入螺栓和螺钉 M8×16 固定,最后装入手轮,用螺母和垫片固定。

作图步骤：

（1）绘制基准线,如图 7-14 所示。

（2）绘制尾架体,如图 7-15 所示。

（3）绘制端盖,如图 7-16 所示。

（4）装入螺杆,如图 7-17 所示。

（5）装入轴套和螺钉,如图 7-18 所示。

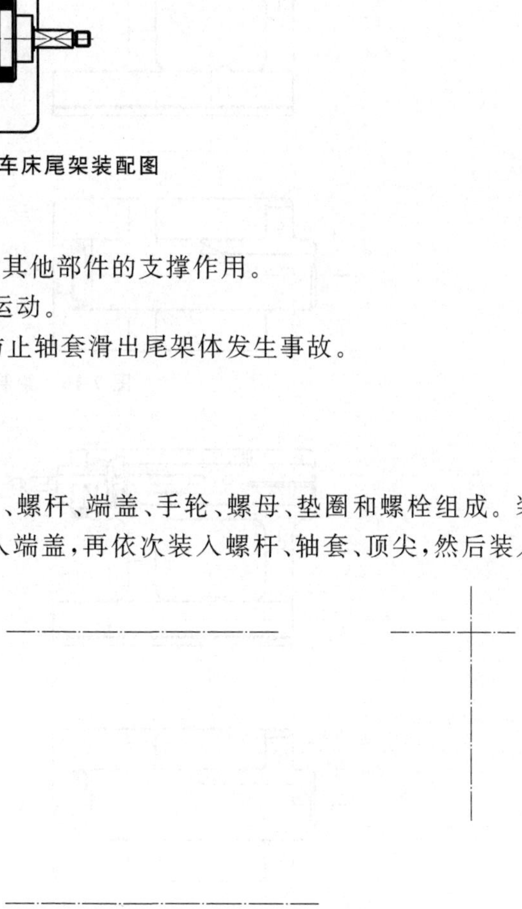

图 7-14 绘制基准线

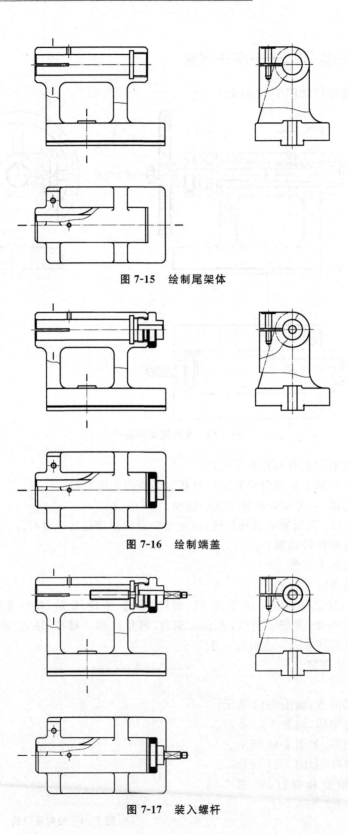

图 7-15　绘制尾架体

图 7-16　绘制端盖

图 7-17　装入螺杆

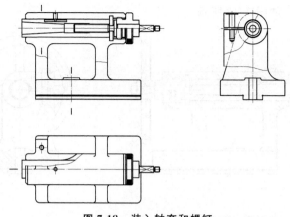

图 7-18　装入轴套和螺钉

（6）装入顶尖和螺钉，如图 7-19 所示。

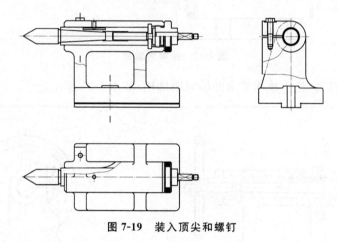

图 7-19　装入顶尖和螺钉

（7）装上手轮、垫圈与螺母，如图 7-20 所示。

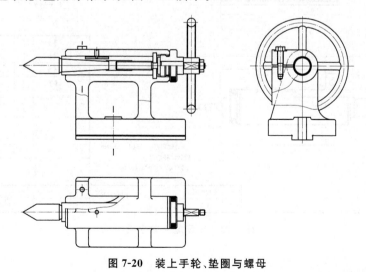

图 7-20　装上手轮、垫圈与螺母

（8）绘制剖面线，如图 7-21 所示。

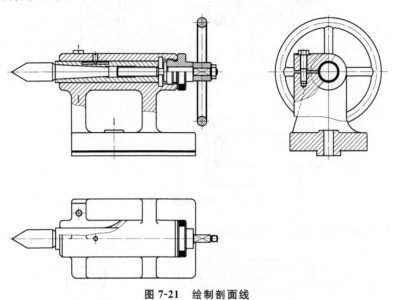

图 7-21　绘制剖面线

（9）标注零件号，输入技术要求并绘制明细栏，如图 7-22 所示。

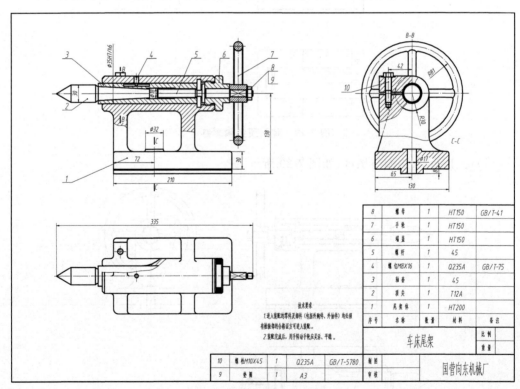

8	螺母	1	HT150	GB/T-41
7	手轮	1	HT150	
6	端盖	1	HT150	
5	螺杆	1	45	
4	螺钉M8X16	1	Q235A	GB/T-75
3	轴套	1	45	
2	顶尖	1	T12A	
1	尾架体	1	HT200	
序号	名称	数量	材料	备注

车床尾架

| 比例 | |
| 重量 | |

| 10 | 螺栓M10X45 | 1 | Q235A | GB/T-5780 | 制图 | | 国营向东机械厂 |
| 9 | 垫圈 | 1 | A3 | | 审核 | | |

技术要求
1.进入装配均零件及附件（包括外购件、外协件）均须经
有检验格的合格证方可进入装配。
2.装配完成后，用手转动手轮应灵活、平稳。

图 7-22　车床尾架效果图

7.5.3   装配图实训三——球阀

球阀装配图如图 7-23 所示。

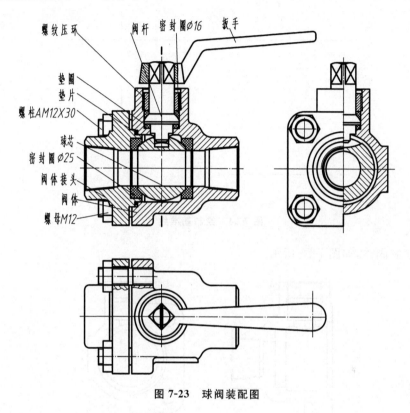

图 7-23   球阀装配图

对球阀各部件作用做如下说明。

阀体：主要起工作压力的承受及对其他部件的支撑作用。

阀体接头和球芯：属于密封件，通过旋转达到球阀开或关的要求。

阀杆：起到外力扭矩的传递。

螺纹压环：防止工作介质通过阀杆外漏。

扳手：起到施加外力作用，通过阀杆，达到阀门密封的控制。

球阀由阀体、阀体接头、球芯、螺纹压环、阀杆、扳手、两个 φ25 密封圈，一个 φ16 密封圈，四对螺母和螺柱、垫片以及垫圈组成。装配过程从阀体开始，将球体放入阀体腔体中，然后将垫圈、阀杆、φ16 密封圈依次从上端口装入，并用螺纹压环压紧。接下来在左端口装入 φ25 密封圈及垫片，用阀体接头压紧，并用 4 组螺柱和螺母固定，最后装上扳手。

作图步骤：

（1）绘制基准线，如图 7-24 所示。

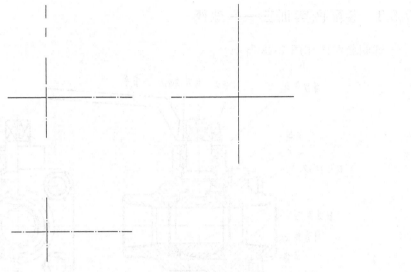

图7-24   绘制基准线

（2）绘制阀体，如图7-25所示。

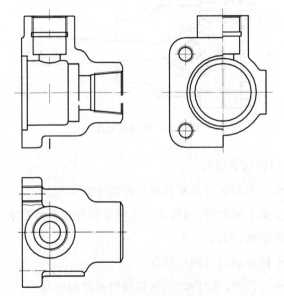

图7-25   绘制阀体

（3）装入阀芯，如图7-26所示。

（4）装入垫圈及阀杆，如图7-27所示。

（5）装入螺纹压环，如图7-28所示。

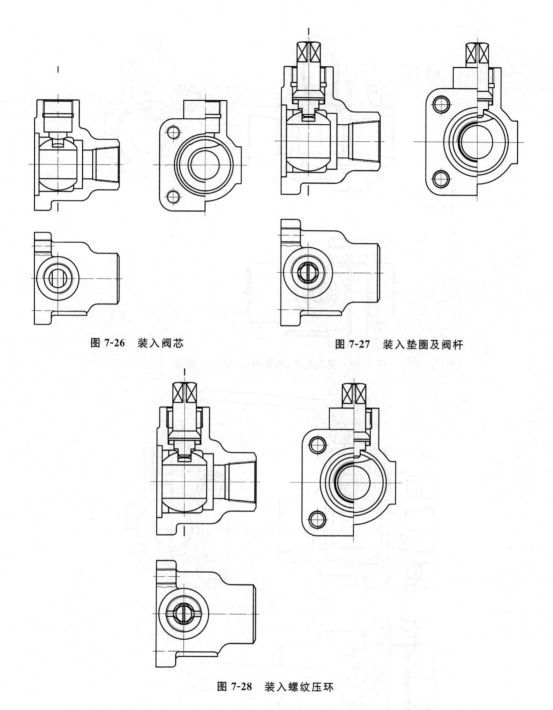

图 7-26　装入阀芯　　　　　　　　　　　　　图 7-27　装入垫圈及阀杆

图 7-28　装入螺纹压环

（6）装入垫片、阀体接头、螺柱与螺母，如图 7-29 所示。

（7）装上扳手，画出密封圈，如图 7-30 所示。

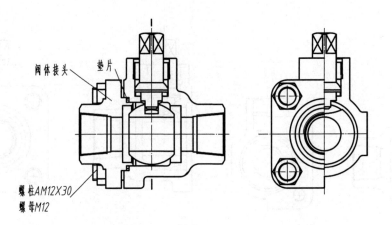

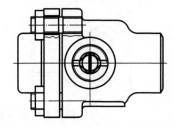

图 7-29   装入垫片、阀体接头、螺柱与螺母

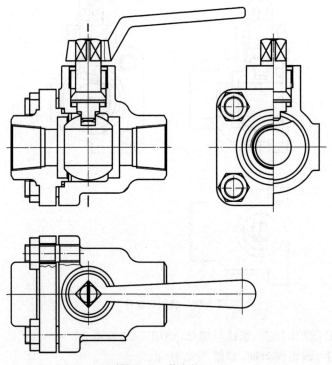

图 7-30   装上扳手

（8）绘制剖面线，如图 7-31 所示。

（9）标注零件号，输入技术要求并绘制明细栏，球阀效果图如图 7-32 所示。

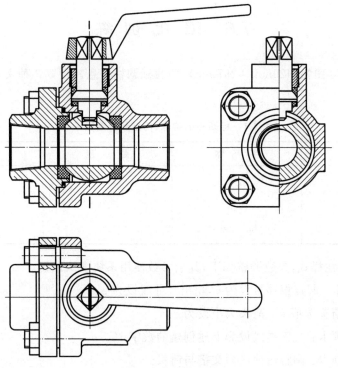

图 7-31 绘制剖面线

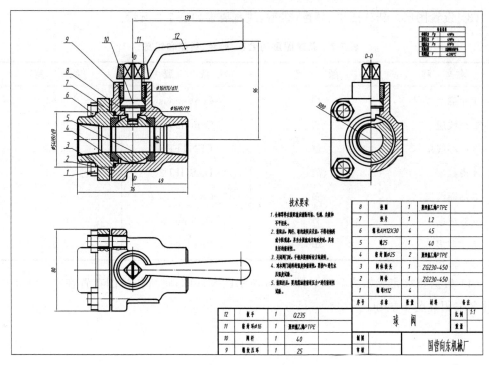

图 7-32 球阀效果图

7.6　强 化 训 练

（1）设置 A3 图幅（420mm×297mm），填写标题栏信息。设置 3 种文字样式，具体如表 7-1 所示。

表 7-1　标题栏的字体、高度和宽度因子

名　　称	字　　体	高　　度	宽度因子
汉字 35	仿宋	3.5	0.7
汉字 50	仿宋	5.0	0.7
数字 35	gbeitc. shx	3.5	0.7

（2）设置标注样式，参数调整如下，其余参数使用系统默认设置。

① 线选项卡：起点偏移量设为 0，超出尺寸线设为 2。

② 符号和箭头选项卡：箭头大小设为 2.5。

③ 文字选项卡：文字样式设为上述创建的数字 35。

④ 调整选项卡：调整选项设为文字与箭头。

⑤ 主单位选项卡：根据需要进行设定，如果没有小数位，将精度设为 0。

（3）设置图层。新建图层、颜色、线型、线宽要求如表 7-2 所示。

表 7-2　新建图层的名称、颜色、线型和线宽

名　　称	颜　　色	线　　型	线　　宽
1 轮廓实线层	白	Continuous	0.50
2 细线层	青	Continuous	0.25
3 中心线层	红	CENTER2	0.25
4 虚线层	洋红	DASHED2	0.25
5 剖面线层	黄	Continuous	0.25
6 标注层	青	Continuous	0.25
7 文字层	绿	Continuous	0.25

（4）根据要求完成如图 7-33～图 7-38 所示的零件图，将所作视图布置在 A3 图幅内，文件名采用姓名＋学号。

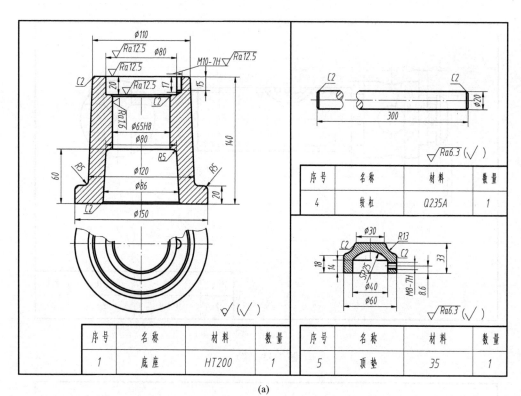

序号	名称	材料	数量
4	绞杠	Q235A	1

序号	名称	材料	数量
1	底座	HT200	1

序号	名称	材料	数量
5	顶垫	35	1

(a)

序号	名称	材料	数量
3	螺套	ZCuAl10Fe3	1

(b)

图 7-33　千斤顶装配图

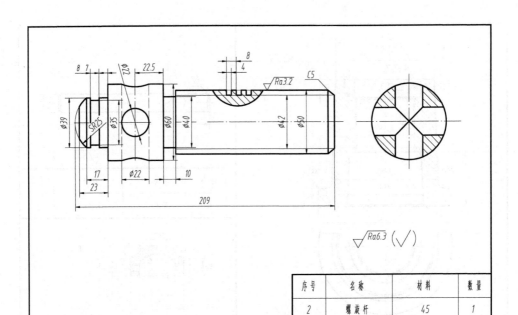

(c)

图 7-33（续）

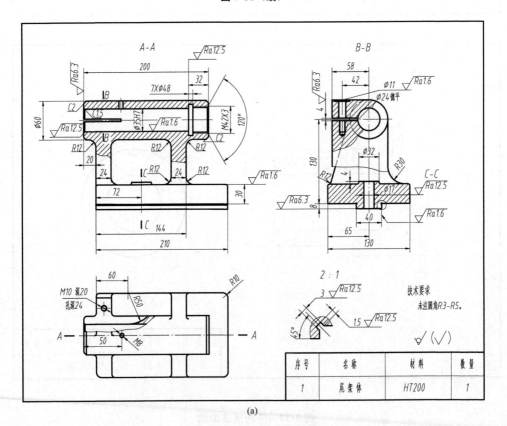

(a)

图 7-34　车床尾架装配图

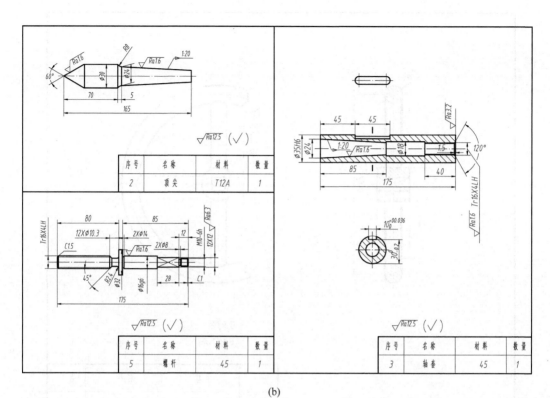

(b)

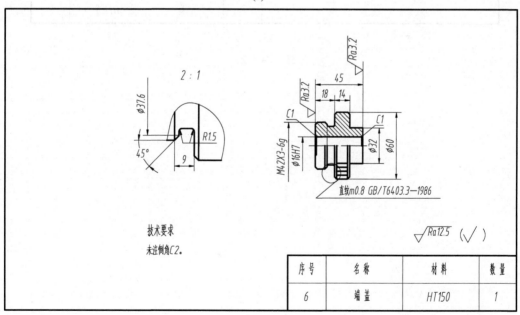

技术要求

未注倒角C2。

(c)

图 7-34（续）

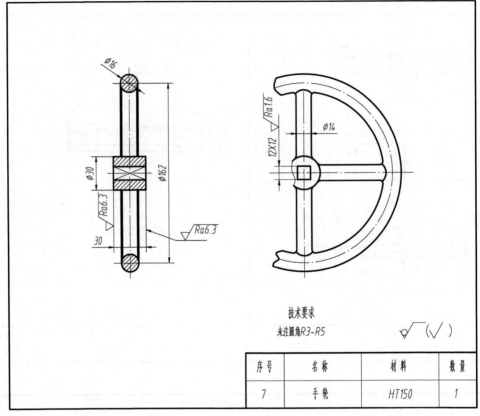

(d)

图 7-34（续）

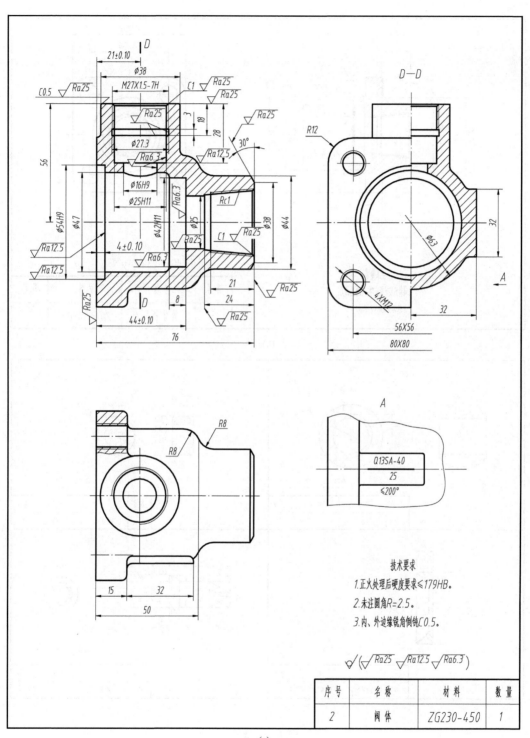

(a)

图 7-35 球阀装配图

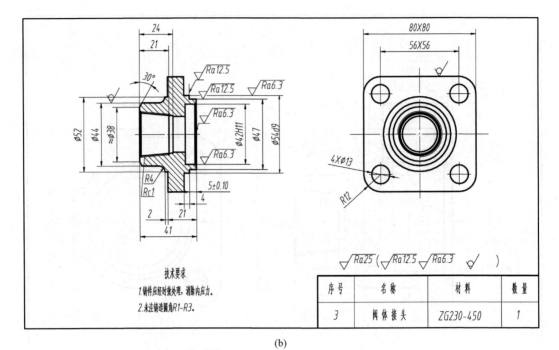

技术要求

1.铸件应经时效处理，消除内应力。

2.未注铸造圆角R1~R3。

序号	名称	材料	数量
3	阀体接头	ZG230-450	1

(b)

序号	名称	材料	数量
5	球芯	40	1

序号	名称	材料	数量
9	螺纹压环	25	1

序号	名称	材料	数量
11	密封环φ16	聚四氟乙烯PTPE	1

序号	名称	材料	数量
10	阀杆	40	1

(c)

图 7-35（续）

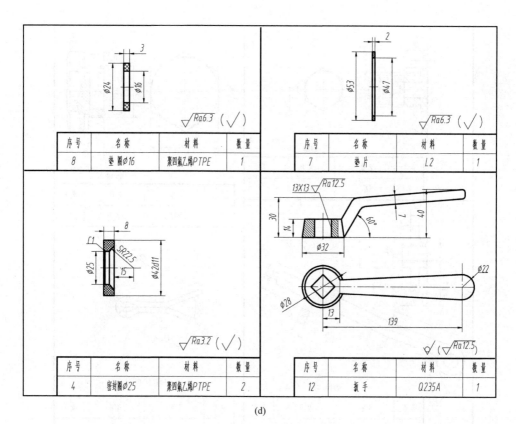

(d)

图 7-35（续）

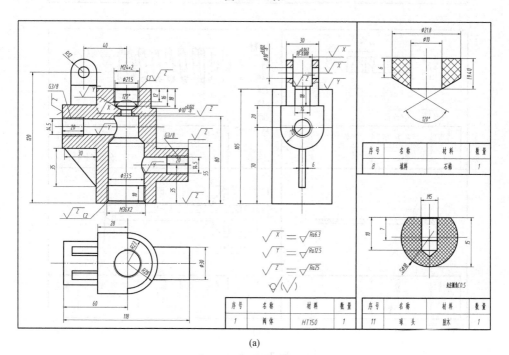

(a)

图 7-36 手压阀装配图

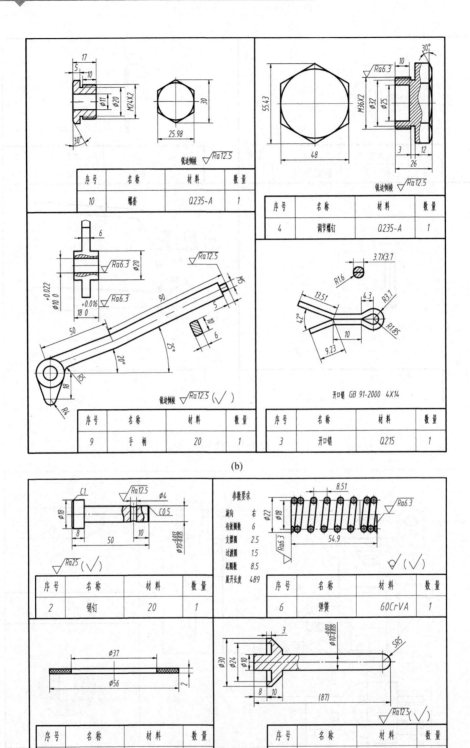

(b)

(c)

图 7-36（续）

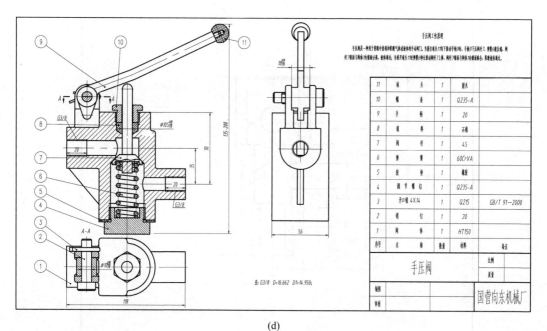

(d)

图 7-36（续）

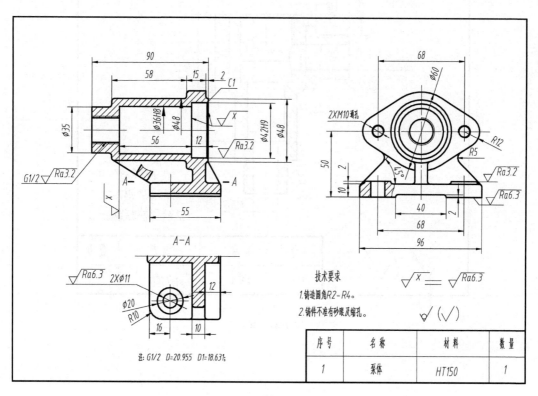

(a)

图 7-37 柱塞泵装配图

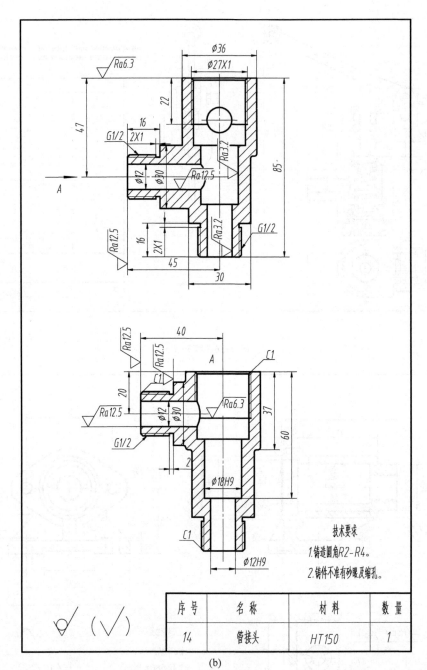

(b)

图 7-37（续）

技术要求

1.铸造圆角R2-R4。

2.铸件不准有砂眼及缩孔。

序号	名称	材料	数量
14	管接头	HT150	1

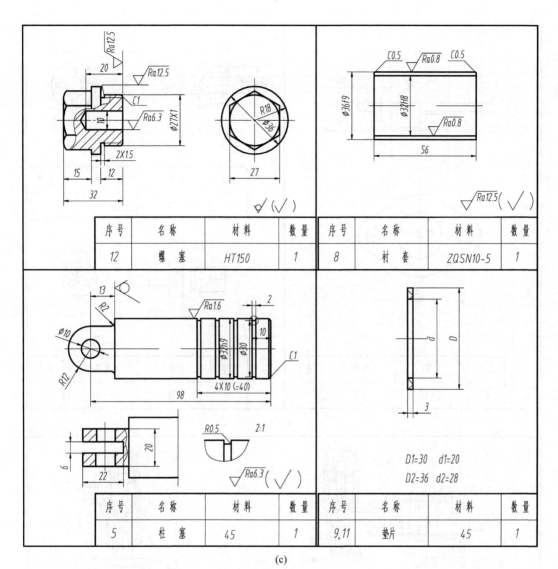

序号	名 称	材 料	数 量	序号	名 称	材 料	数 量
12	螺 塞	HT150	1	8	衬 套	ZQSN10-5	1
5	柱 塞	45	1	9,11	垫片	45	1

(c)

图 7-37（续）

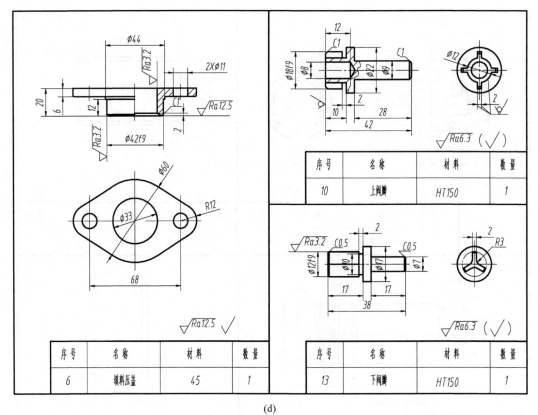

序号	名 称	材 料	数 量
10	上阀瓣	HT150	1

序号	名 称	材 料	数 量
6	填料压盖	45	1

序号	名 称	材 料	数 量
13	下阀瓣	HT150	1

(d)

柱塞泵工作原理
当柱塞5往外移，柱塞右端腔增大，下阀瓣13被掀起从进油口吸油；
当柱塞5往右移，柱塞右端腔减小，上阀瓣10被掀起，油从出油口流出。

9	垫 片	1	45	D2=36 d2=28
8	衬 套	1	ZQSN10-5	
7	泵 体	1	铸铁	
6	填料压盖	1	45	
5	柱 塞	1	45	
4	螺 柱	2		GB 897—1988
3	垫 圈	2		GB 93—1987
2	螺母M10	2		GB 6170—2000
1	泵 体		HT150	

14	骨架头	1	HT150	
13	下阀瓣	1	HT150	
12	螺 套	1	45	
11	垫 片	1	45	D1=30 d1=20
10	上阀瓣	1	HT150	

序号 / 名 称 / 数量 / 材料 / 备注

柱塞泵

比例 / 数量

国营向东机械厂

(e)

图 7-37（续）

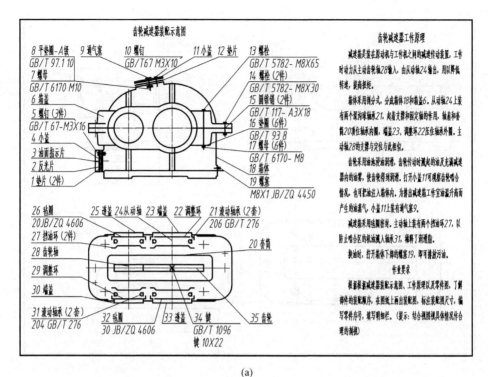

图 7-38　齿轮减速器装配图

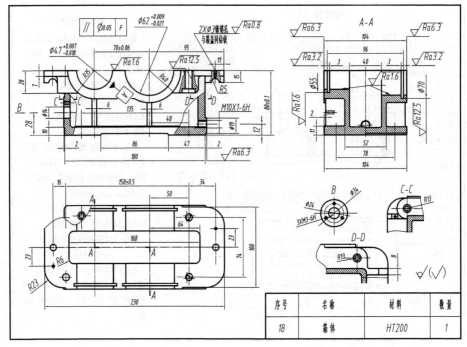

(c)

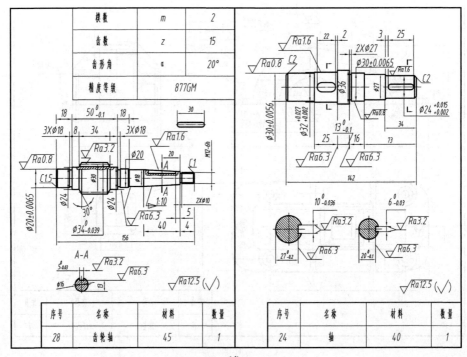

(d)

图 7-38（续）

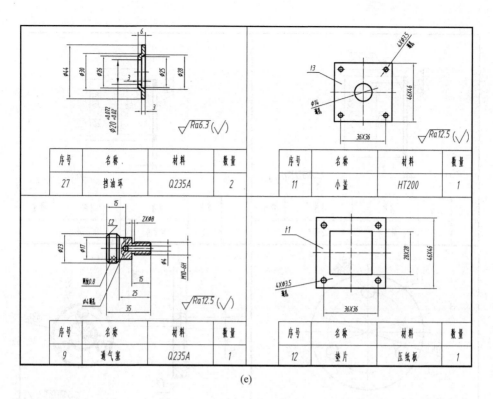

(e)

序号	名称	材料	数量
27	挡油环	Q235A	2

序号	名称	材料	数量
11	小盖	HT200	1

序号	名称	材料	数量
9	通气塞	Q235A	1

序号	名称	材料	数量
12	垫片	压纸板	1

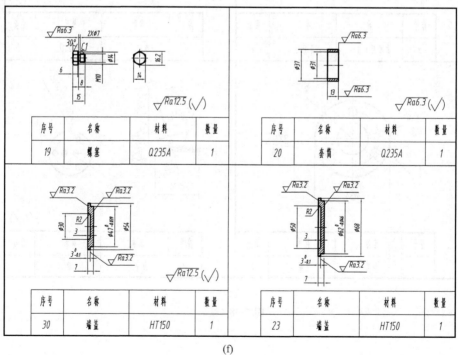

序号	名称	材料	数量
19	螺塞	Q235A	1

序号	名称	材料	数量
20	套筒	Q235A	1

序号	名称	材料	数量
30	端盖	HT150	1

序号	名称	材料	数量
23	端盖	HT150	1

(f)

图 7-38（续）

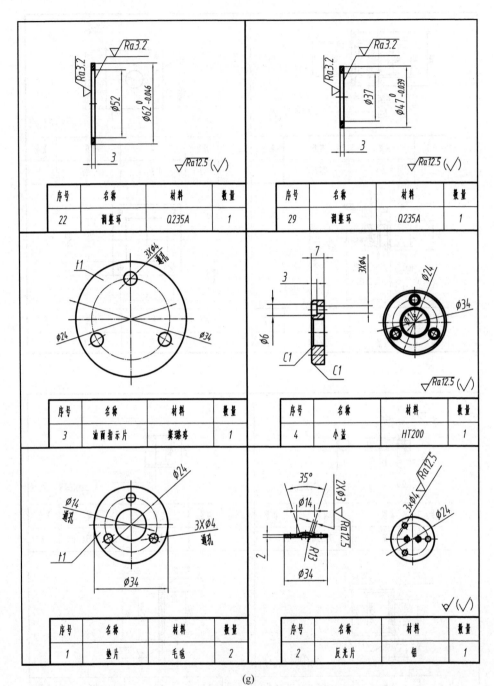

序号	名称	材料	数量
22	调整环	Q235A	1

序号	名称	材料	数量
29	调整环	Q235A	1

序号	名称	材料	数量
3	油面指示片	塞璐珞	1

序号	名称	材料	数量
4	小盖	HT200	1

序号	名称	材料	数量
1	垫片	毛毡	2

序号	名称	材料	数量
2	反光片	钼	1

(g)

图 7-38（续）

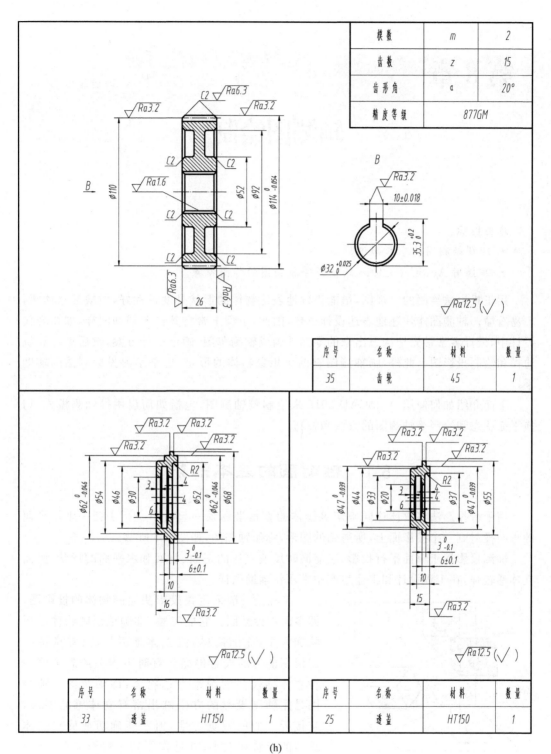

模数	m	2
齿数	z	15
齿形角	α	20°
精度等级		877GM

序号	名称	材料	数量
35	齿轮	45	1

序号	名称	材料	数量
33	透盖	HT150	1

序号	名称	材料	数量
25	透盖	HT150	1

(h)

图 7-38（续）

第8章

轴测图绘制

本章目标

- 理解轴测图的基本知识。
- 掌握用 AutoCAD 2018 绘制正等轴测图的作图步骤。

用正投影法绘制的三视图,虽能正确地表达物体的形状且度量性好,但缺乏立体感,不易看懂。轴测图能快速地表达设计思想,因此,工程上常将其作为辅助图样,如在现代设计中,设计者常常先把构思出来的零部件画成轴测草图,确定设计方案,然后用计算机建模和绘制投影图。此外,画轴测图有助于想象物体的形状,也是学习投影制图的辅助手段。

下面介绍如何使用 AutoCAD 2018 来绘制等轴测图,包括如何启用等轴测模式、切换平面状态和绘制等轴测图的方法和技巧。

8.1 轴测图的基本知识

用平行投影法将物体连同确定该物体的直角坐标系一起沿不平行于任一坐标平面的方向投射到一个投影面上,所得到的图形,称作轴测图,如图 8-1 所示。

轴测投影属于单面平行投影,它能同时反映立体的正面、侧面和水平面的形状,因而立体感较强,在工程设计和工业生产中常用作辅助图样。

工程上一般采用正投影法绘制物体的投影图,即多面正投影图。它能完整、准确地反映物体的形状和大小,作图简单,但立体感不强,只有具备一定读图能力的人看得懂。有时工程上还需采用一种立体感较强的图来表达物体,即轴测图。轴测图是用轴测投影的方法画出富有立体感的图形,它接近人们的视觉习惯,但不能确切地反映物体真实的形状和大小,并且作图较正投影复杂,因而在生产中它作为辅助图样,用来帮助人们读懂正投影视图。

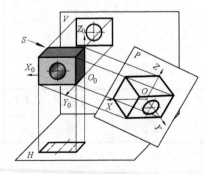

图 8-1　轴测图

根据轴向伸缩系数的不同,轴测图又可分为等轴测图、二测图和三测图。工程制图上常用的正等轴测图和斜二轴测图如图 8-2 所示。

图 8-2(a)为正等轴测图,轴间角都为 120°,简化轴向缩短系数 X, Y, Z 分别为 0.82,0.82,0.82。

图 8-2(b)为斜二轴测图,轴间角分别为 90°,135°,135°,轴向缩短比例 X, Y, Z 分别为 0.94,0.47,0.94。

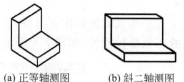

(a) 正等轴测图　　　(b) 斜二轴测图

图 8-2　常用的两种轴测图

轴测图的投影特性有以下几点:

(1) 平行直线段的轴测投影仍保持平行。

(2) 平行于坐标轴的直线段的轴测图,其投影仍与相应的轴测轴平行。

(3) 平行于坐标轴的直线段的轴测图与原线段的长度比,就是该轴测轴的轴向伸缩系数或简化系数。

8.2　绘制轴测图的 AutoCAD 设置

8.2.1　轴测图捕捉方式的设定

在利用 AutoCAD 绘制轴测图的过程中,必须进行轴测图设置。选择"工具"→"绘图设置"命令,打开"草图设置"对话框,设置轴测图模式,如图 8-3 所示。

图 8-3　设置轴测图模式

选择"捕捉和栅格"选项卡,并在"捕捉类型"选项组中选择"等轴测捕捉"单选按钮,单击"确定"按钮即可完成设置。

提示：在绘图过程中，按 F5 键可以切换不同的垂直方向，以便于在不同的方位绘制轴测图。

为了等轴测图的作图方便，在"草图设置"对话框中"对象捕捉"选项卡中选择几个固定的对象捕捉模式，如图 8-4 所示。

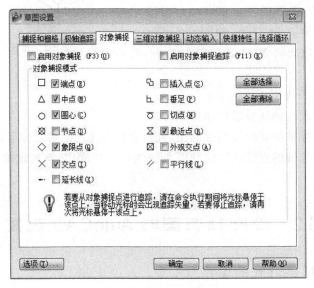

图 8-4　对象捕捉模式设置

8.2.2　轴测图文字样式设置

选择"格式"→"文字样式"命令，打开"文字样式"对话框，然后单击"新建"按钮，重命名为 30，在"字体"选项组中选择 gbeitc. shx，"大小"选项组中的"高度"设为 3.5，"效果"选项组中的"倾斜角度"设为 30，效果如图 8-5 所示。再采用同样方法设置"倾斜角度"为－30 的文字样式。

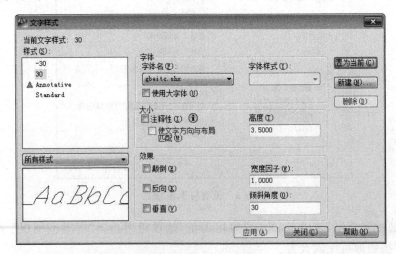

图 8-5　文字样式设置

8.2.3 轴测图尺寸样式设置

单击样式工具栏上的"标注样式"按钮,打开"标注样式管理器"对话框,然后单击"新建"按钮,标注样式重命名为 30,单击"修改"按钮,将"线"选项框中起点偏移量设为 0,箭头大小改为 2.5,文字样式选用 30,文字对齐选用 ISO 标准,调整文字和箭头,主单位设为 0。再采用同样方法设置−30°尺寸样式,设置后效果如图 8-6 所示。

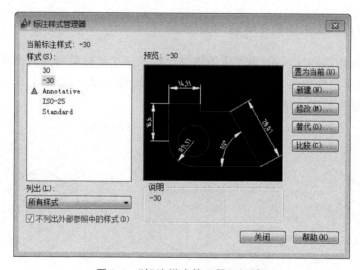

图 8-6 "标注样式管理器"对话框

8.3 圆及圆弧连接的绘制

8.3.1 用 AutoCAD 指令画等轴测圆

(1)新建"粗实线""中心线"和"尺寸线"等图层。

(2)绘制正等轴测圆。启用正交功能,并切换"中心线"为当前图层,单击 ⌷ 按钮绘制中心线,再切换"粗实线"为当前图层,然后单击 ⬡ 按钮绘制正等轴测圆。

在 AutoCAD 中正等轴测圆可以直接利用绘图工具中的椭圆命令来实现,如表 8-1 所示。

表 8-1 实现方法

菜 单	工具条	快捷键	快捷菜单	命令行
"绘图"→"椭圆"→"圆心"	⬡	el	N/A	ellipse

在空间里画一个等轴测圆。首先确定是一般椭圆还是等轴测圆,然后确定圆心和半径。

```
命令: _ellipse
指定椭圆轴的端点或 [圆弧(A)/中心点(C)/等轴测圆(I)]: i
指定等轴测圆的圆心:
指定等轴测圆的半径或 [直径(D)]: 20
```

8.3.2　等轴测图圆的绘制

1. 平行于坐标面的圆的正等轴测图画法

从正等轴测图的形成可知，由于正等轴测投影的三个坐标轴都与轴测投影面成相等的倾角，所以三个坐标面也与轴测投影面成相等的倾角。因此，立体上凡是平行于坐标面的圆的正等轴测投影都是椭圆。

（1）绘制一个边长为 a 的等轴测正方体，如图 8-7（a）所示。

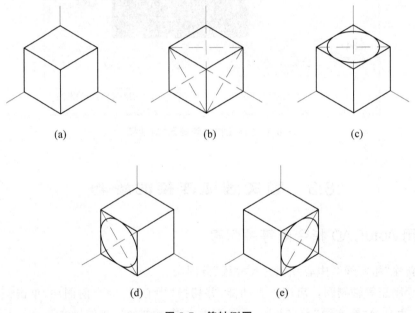

图 8-7　等轴测圆

（2）连接各自的中心线，如图 8-7（b）所示。
（3）绘制顶面的等轴测圆，如图 8-7（c）所示。
（4）绘制左侧的等轴测圆，如图 8-7（d）所示。
（5）绘制右侧的等轴测圆，如图 8-7（e）所示。

8.3.3　用等轴测圆辅助绘制等轴测正六棱柱

已知正六棱柱边长为 20，高为 10，三视图如图 8-8 所示。作这正六棱柱的等轴测图。

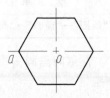

图 8-8　正六棱柱

作图步骤：

（1）作出中心线，如图 8-9(a)所示。

（2）取 *oa* 的长度为半径，在轴上作出 *a* 点以及 *a* 点的对称点 *b*，如图 8-9(b)所示。

（3）分别以 *a*，*o*，*b* 三点为圆心作半径为 20 的等轴测圆，如图 8-9(c)所示。

（4）连接等轴测圆的交点形成等轴测正六边形，如图 8-9(d)所示。

（5）以正六边形的各个顶点向上画长度为 10 的直线，并连接各个下顶点，删除多余直线，如图 8-9(e)所示。

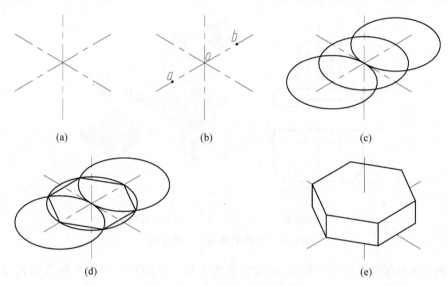

图 8-9　正六棱柱的正等轴测图

8.3.4　等轴测图的圆弧连接

圆角的等轴测图，连接直角的圆弧为圆的 1/4 圆弧，其正等轴测图是 1/4 椭圆弧，可用如下近似画法作出，作图步骤：

（1）先按直角画出板的轴测图，如图 8-10(a)所示，并由三边分别向长方形中心偏置半径 *R*，确定切点 *A*，*B* 两个圆心位置，如图 8-10(b)所示。

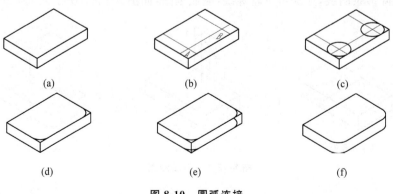

图 8-10　圆弧连接

（2）过圆心分别作半径为 R 的等轴测圆，得到上表面等轴测圆，如图 8-10(c)所示。

（3）删除多余圆弧和直线，如图 8-10(d)所示。

（4）向下复制两等轴测圆弧，如图 8-10(e)所示。

（5）删除多余直线和圆弧，连接圆弧，如图 8-10(f)所示。

8.3.5　等轴测图绘制实例

作图 8-11(a)所示形体的正等轴测图。

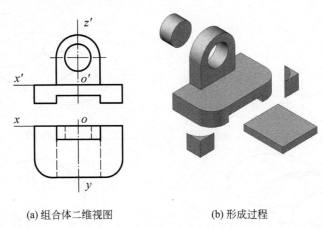

(a) 组合体二维视图　　　　　　(b) 形成过程

图 8-11　形体的视图和形成过程

分析：该形体可看成由带圆角、底部切槽的底板和带圆柱孔的半圆柱头竖板叠加而成，如图 8-11(b)所示。

作图步骤：

（1）在视图上确定坐标原点和坐标轴，如图 8-11(a)所示。

（2）画轴测轴，并画出底板（长方体），如图 8-12(a)所示。

（3）画竖板上的半圆，如图 8-12(b)所示。

（4）画竖板，如图 8-12(c)所示。

（5）画底板圆角，如图 8-12(d)所示。

（6）画底板底部的槽及竖板上的圆柱孔，如图 8-12(e)所示。

（7）删除多余的线，加深可见轮廓线，完成全图，如图 8-12(f)所示。

(a) 画底板　　　　　　　(b) 画半圆　　　　　　　(c) 画竖板

图 8-12　正等轴测图

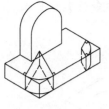

(d) 画底板圆角

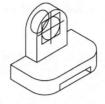

(e) 画槽和圆柱孔

(f) 整理并加深

图 8-12（续）

8.4 轴测图尺寸标准

具体作图步骤如下。

（1）标注尺寸。把"尺寸线"图层切换至当前图层，然后利用"对齐标注"工具依次选取尺寸界限进行标注，此时标注为默认标注，效果如图 8-13 所示。

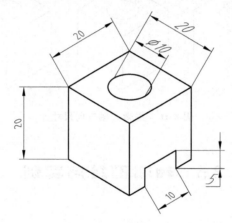

图 8-13 标注尺寸

（2）编辑 X 轴方向尺寸。首先把所有 X 轴方向标注的尺寸转换到 30°标注样式。然后单击"倾斜"按钮，选取 X 轴方向要编辑的尺寸并根据命令行提示输入 30°进行尺寸编辑，效果如图 8-14 所示。

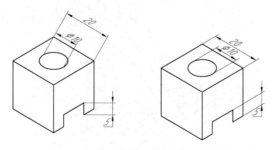

图 8-14 编辑 X 轴方向尺寸

（3）编辑 Y 轴方向尺寸。首先把所有 Y 轴方向标注的尺寸转换到－30°标注样式。

然后单击"倾斜"按钮，选取 Y 轴方向要编辑的尺寸，并根据命令行提示输入－30°进行尺寸编辑，效果如图 8-15 所示。

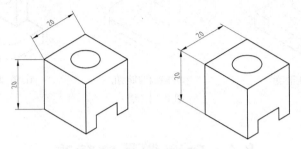

图 8-15　编辑 Y 轴方向尺寸

（4）编辑 Z 轴方向尺寸。单击"倾斜"按钮，选取 Z 轴方向要编辑的尺寸，然后根据命令提示输入 90°，效果如图 8-16 所示。

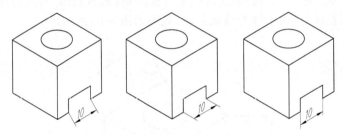

图 8-16　编辑 Z 轴方向尺寸

8.5　轴测图绘制实训

8.5.1　轴测图绘制实训一

轴测图绘制实训一如图 8-17 所示。

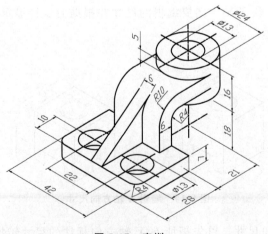

图 8-17　实训一

作图步骤：

（1）绘制底板，如图 8-18 所示。

（2）绘制圆角与通孔，如图 8-19 所示。

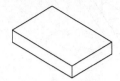

图 8-18 绘制底板

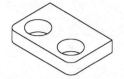

图 8-19 绘制圆角与通孔

（3）绘制圆柱体，如图 8-20 所示。

（4）绘制圆柱体通孔，如图 8-21 所示。

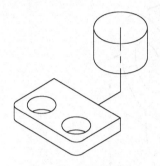

图 8-20 绘制圆柱体

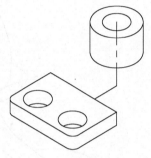

图 8-21 绘制圆柱体通孔

（5）绘制连接板，如图 8-22 所示。

（6）绘制倒圆角，如图 8-23 所示。

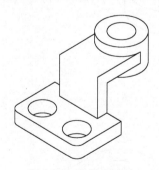

图 8-22 绘制连接板

图 8-23 绘制倒圆角

（7）绘制肋板辅助线，如图 8-24 所示。

（8）绘制肋板，如图 8-25 所示。

（9）尺寸标注，效果如图 8-17 所示。

8.5.2 轴测图绘制实训二

轴测图绘制实训二如图 8-26 所示。

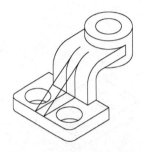

图 8-24　绘制肋板辅助线

图 8-25　绘制肋板

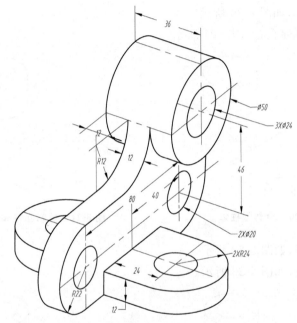

图 8-26　实训二

作图步骤：

（1）绘制底板，如图 8-27 所示。

（2）绘制底板上的通孔，如图 8-28 所示。

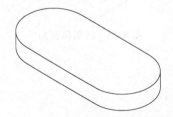

图 8-27　绘制底板

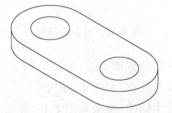

图 8-28　绘制底板上的通孔

（3）绘制圆柱，如图 8-29 所示。

（4）绘制通孔，如图 8-30 所示。

图 8-29 绘制圆柱

图 8-30 绘制通孔

（5）绘制肋板，如图 8-31 所示。

（6）在肋板上打孔，如图 8-32 所示。

图 8-31 绘制肋板

图 8-32 在肋板上打孔

（7）尺寸标注如图 8-26 所示。

8.5.3 轴测图绘制实训三

轴测图绘制实训三如图 8-33 所示。

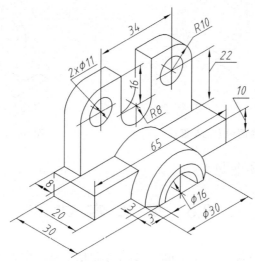
图 8-33 实训三

（1）绘制底座，如图8-34所示。

（2）绘制挡板及圆角，如图8-35所示。

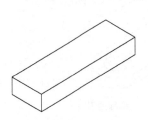

图8-34　绘制底座

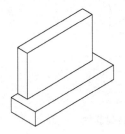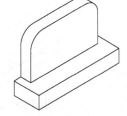

图8-35　绘制挡板及圆角

（3）绘制挡板上的通孔，如图8-36所示。

（4）绘制凹槽，如图8-37所示。

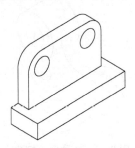

图8-36　绘制挡板上的通孔

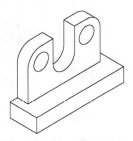

图8-37　绘制凹槽

（5）绘制与底面镶嵌的半圆柱，如图8-38所示。

（6）绘制通孔并倒角，如图8-39所示。

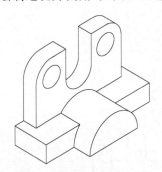

图8-38　绘制与底面镶嵌的半圆柱

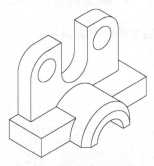

图8-39　绘制通孔并倒角

（7）尺寸标注如图8-33所示。

8.6　强化实训

（1）设置A3图幅（420mm×297mm），填写标题栏信息。设置3种文字样式，具体如表8-2所示。

表 8-2 标题栏的字体、高度和宽度因子

名 称	字 体	高 度	宽度因子
汉字 35	仿宋	3.5	0.7
汉字 50	仿宋	5.0	0.7
数字 35	gbeitc. shx	3.5	0.7

(2) 设置标注样式,参数调整如下,其余参数使用系统缺省设置。

① 线选项卡:起点偏移量设为 0,超出尺寸线设为 2。

② 符号和箭头选项卡:箭头大小设为 2.5。

③ 文字选项卡:文字样式设为上述创建的数字 35。

④ 调整选项卡:调整选项设为文字与箭头。

⑤ 主单位选项卡:根据需要进行设定,如果没有小数位,将精度设为 0。

(3) 设置图层。新建图层、颜色、线型、线宽要求如表 8-3 所示。

表 8-3 新建图层的颜色、线型和线宽

名 称	颜 色	线 型	线 宽
1 轮廓实线层	白	Continuous	0.50
2 细线层	青	Continuous	0.25
3 中心线层	红	CENTER2	0.25
4 虚线层	洋红	DASHED2	0.25
5 剖面线层	黄	Continuous	0.25
6 标注层	青	Continuous	0.25
7 文字层	绿	Continuous	0.25

(4) 绘制等轴测图,尺寸由图中量出。

(5) 将所作图形保存在一个文件中,均匀布置在边框内。存盘前使图框充满屏幕,文件名采用姓名+学号。

根据要求完成如图 8-40~图 8-48 所示的轴测图。

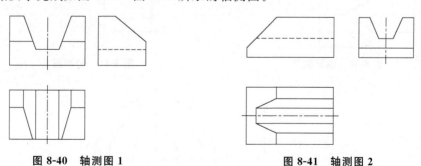

图 8-40 轴测图 1   图 8-41 轴测图 2

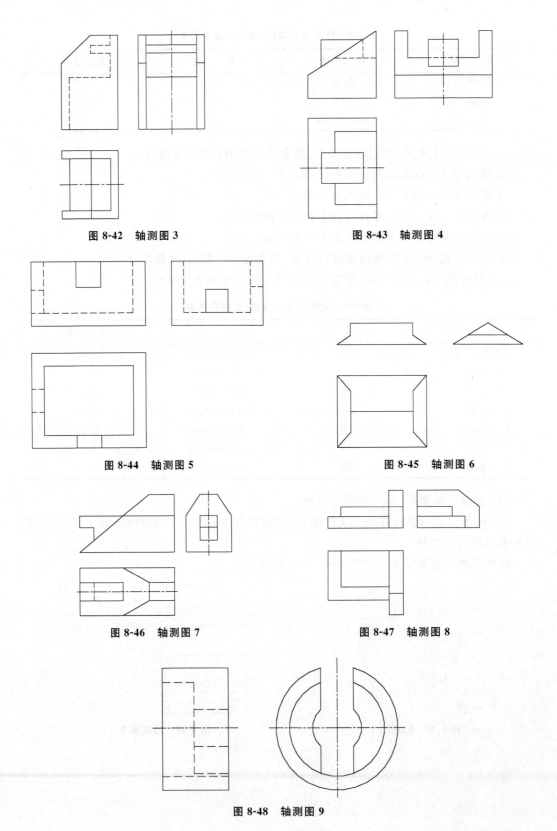

图 8-42　轴测图 3

图 8-43　轴测图 4

图 8-44　轴测图 5

图 8-45　轴测图 6

图 8-46　轴测图 7

图 8-47　轴测图 8

图 8-48　轴测图 9

参 考 文 献

[1] 郭强,张甜,张志刚. AutoCAD 2010 从入门到精通[M]. 北京:清华大学出版社,2011.

[2] 耿国强,张红松,胡仁喜,等. AutoCAD 2010 中文版入门与提高[M]. 北京:化学工业出版社,2009.

[3] 开思网. AutoCAD 应用大全 2012[M]. 北京:中国青年出版社,2012.

[4] 钟日铭. AutoCAD 2009 机械制图教程[M]. 北京:清华大学出版社,2008.

[5] 李志国,王磊,孙江宏,等. AutoCAD 2009 机械设计案例教程[M]. 北京:清华大学出版社,2009.

[6] 毛昕. 画法几何及机械制图[M]. 4 版. 北京:高等教育出版社,2010.

[7] 施岳定. 工程制图教程[M]. 北京:高等教育出版社,2012.

[8] 蔡小华,钱瑜. 工程制图[M]. 北京:中国铁道出版社,2010.

[9] 谭建荣,张树有,陆国栋,等. 图学基础教程[M]. 2 版. 北京:高等教育出版社,2006.

[10] 刘炀. 现代机械工程图学. 北京:机械工业出版社,2012.

[11] Jensen C, Helsel J D, Dennis R Short. Fundamentals of Engineering Drawing[M]. 5ed. New York:McGraw-Hill,2002.

[12] Spence W P. Drafing Technology and Practice[M]. 3ed. New York:McGraw-Hill,1991.

[13] Bertoline G R, Wiebe E N. Fundamentals of Graphics Communication[M]. 3ed. New York:McGraw-Hill,2002.

[14] Mitchell A, Spencer H C. Modern Graphics Communication[M]. 3ed. Pearson/Prentice Hall,2004.

[15] French T E, Svensen G L. Mechanical Drawing:CAD-Communications[M]. New York:McGraw-Hill,2002.

图书资源支持

感谢您一直以来对清华版图书的支持和爱护。为了配合本书的使用，本书提供配套的资源，有需求的读者请扫描下方的"书圈"微信公众号二维码，在图书专区下载，也可以拨打电话或发送电子邮件咨询。

如果您在使用本书的过程中遇到了什么问题，或者有相关图书出版计划，也请您发邮件告诉我们，以便我们更好地为您服务。

我们的联系方式：

资源下载、样书申请

书圈

地　　址：北京市海淀区双清路学研大厦 A 座 701

邮　　编：100084

电　　话：010－62770175－4608

资源下载：http://www.tup.com.cn

客服邮箱：tupjsj@vip.163.com

QQ：2301891038（请写明您的单位和姓名）

扫一扫，获取最新目录

用微信扫一扫右边的二维码，即可关注清华大学出版社公众号"书圈"。